Langenscheidt

Hund–Deutsch
Deutsch–Hund

von Martin Rütter

Langenscheidt

Impressum

Langenscheidt Hund–Deutsch / Deutsch–Hund
von Martin Rütter

Layout: Andrea Forster
Cartoons: Bettina Kumpe
Fotos: Melanie Grande

Der Autor
Martin Rütter, geboren 1970, lebt mit seiner Hündin im Rheinland. Um die Verhaltenspsychologie von Hunden zu verstehen, studierte er Tierpsychologie und arbeitete einige Jahre mit australischen Dingos und Straßenhunden. 1995 gründete er sein „Zentrum für Menschen mit Hund" und entwickelte DOGS, eine einzigartige Philosophie zur individuellen und partnerschaftlichen Ausbildung von Mensch und Hund. Inzwischen besteht in Deutschland, Österreich, Südtirol und in der Schweiz ein Netzwerk aus über 100 DOGS Hundeschulen.
Die TV-Serien „Eine Couch für alle Felle", „Der Hundeprofi" und weitere Auftritte im Fernsehen machten ihn auch im deutschsprachigen Ausland bekannt. Mit seinen Live-Shows füllt er die größten Hallen und begeisterte bereits über 1,5 Millionen Zuschauer.
www.martinruetter.com

1. Auflage 2009 (1,04 - 2022)
© PONS GmbH, Stöckachstraße 11, 70190 Stuttgart 2009
Alle Rechte vorbehalten

www.langenscheidt.com

Lektorat: Alexandra Bauer
Satz: Franzis print & media GmbH, München
Druck und Bindung: Multiprint GmbH, Kostinbrod

ISBN 978-3-12-514057-8

Inhalt

Vorwort 4

Ein Welpe soll es sein!

Oder vielleicht auch zwei?! 7

Trainingscamp und Erstausstattung 17

Der Welt-Welpen-Abholtag 27

Sind Sie ein „Hundemensch"? 35

Die erste Fütterung zu Hause 43

Wuff! – Von Hund zu Hund

Tagebuchauszüge aus einem Hundeleben 51

Kommunikationsprobleme?! 69

Der Hund: von Kopf bis Pfote 81

So lernt Ihr Hund garantiert …

… laut bellen 91

… jeden stürmisch zu begrüßen 101

… Sie um den Finger zu wickeln 117

Nachwort 126

Vorwort

Liebe Hundefreunde,

„Der tuut nix ...!"
„Der will nur spiiieeeleeen ...!"
„Das hat er ja noch niiie gemacht ...!"

... wer kennt diese Sätze nicht? Aber was bedeuten sie denn nun wirklich?

Als ich im Freundeskreis den „Nicht-Hundehaltern" von der Idee erzählte, einen Sprachführer Hund–Deutsch/ Deutsch–Hund zu schreiben, war ein mildes Lächeln und ein Kopfschütteln noch die netteste Reaktion, die ich bekam. Nachdem mein ältester Freund als zuletzt Befragter „Jetzt bist du wirklich völlig durchgeknallt!" von sich gab, dachte ich: „Wahrscheinlich hat er recht, aber ich bin mir ziemlich sicher, dass es noch mehr Hundeverrückte gibt, die an diesem Büchlein mindestens so viel Freude beim Lesen haben werden, wie ich beim Schreiben hatte."

Inzwischen besuchten über 150 000 Zuhörer meine Vorträge, und ich begleitete etwa 5500 ganz unterschiedliche Menschen mit völlig verschiedenen Hunden – eine Sache war jedoch bei fast allen gleich: Die Hundehalter redeten oft auf eine äußerst liebevolle, aber auch komische Art und Weise an ihren Hunden vorbei. Ich habe sehr oft herzlich gelacht und werde das Gefühl einfach nicht los, dass uns die Hunde besser kennen als wir sie …

Dieser Sprachführer geht an vielen Stellen auch auf die kleinen „Scharmützel" zwischen Hundehaltern und „Nicht-Hundehaltern" oder Hundehassern ein. Deshalb ist dieses Büchlein auch äußerst wichtig – trägt es doch zu einem besseren Verständnis zwischen Hundefans und „Hundelosen" bei.

Bevor Sie sich nun auf die fröhliche Reise durch die Welt der tierischen Kommunikations-Missverständnisse machen, soll zunächst noch Mina, meine Golden-Retriever-Hündin, zu Wort kommen …

Viel Spaß beim Lesen!

Ihr Martin Rütter

Hallo liebe Artgenossen,

jetzt erzähle ich euch mal kurz, wozu dieses Buch hier wirklich dient. Ihr bekommt an ganz vielen Stellen Tipps, wie ihr eure Menschen weiter auf Trab halten und austricksen könnt. Wie ihr beispielsweise mit einem gezielten Augenrollen und einem kurzen „Kopf auf den Schoß legen" eure Menschen weiter um den Finger wickeln könnt.

Ich plaudere sogar aus dem Nähkästchen und verrate euch, auf welche Weise ich Martin immer wieder dazu bekomme, dass er das tut, was ich will. Und dabei auch noch glaubt, er hätte entschieden …

Viel Spaß beim Lesen!

Eure Mina

Oder vielleicht auch zwei?!

Ein Welpe soll es sein!

Oder vielleicht auch zwei?!

Ungefähr 90 Prozent der Menschen, die mit ihrem Hund eine Hundeschule besuchen, sind weiblich. Das hat allerdings rein gar nichts damit zu tun, dass die Damen sich für den jungen, sehr attraktiven und so wahnsinnig charmanten Hundetrainer interessieren.

„Da könnten die Damen ja
auch lange suchen …"

Nein, das hat einen ganz anderen Grund: Normalerweise wird nämlich die Mutter wochen- und monatelang von den Kindern mit der Frage bestürmt, wann sie denn nun endlich einen Hund bekommen. Die Mütter finden den Gedanken an ein vierbeiniges Familienmitglied auch gar nicht so schlecht, wissen aber ganz genau, dass an ihnen die gesamte Arbeit hängen bleiben wird. Deshalb bleiben sie zunächst hart und winken ab.

! Falls Sie einen oder mehrere Hunde besitzen, wissen Sie bereits, dass Sie den Kampf verloren haben. Sollten Sie aber noch, ich betone NOCH, keinen Hund halten, dann ersparen Sie sich lieber die vielen unnötigen Diskussionen. Zu guter Letzt werden Sie doch das Nachsehen haben.

Oder vielleicht auch zwei?!

„Was heißt denn hier Nachsehen haben? Frauchen hat doch später die engste Bindung zum Hund und wird sich fragen, wie sie überhaupt jemals ohne ihn leben konnte. Außerdem ist SIE doch diejenige, die hinterher Herrchen davon überzeugt, dass ein zweiter Hund dringend vonnöten ist …"

Nach einer längeren Phase des „Mutter-Terrorisierens" gehen die Kinder dazu über, den Vater mit ins Boot zu holen. Und das ist im wahrsten Sinne des Wortes ein Kinderspiel. Der weiß nämlich ganz genau, dass die meiste Arbeit seine Frau erledigen muss. Deshalb fällt es ihm natürlich leicht, gönnerhaft dem Wunsch der Kinder nachzugeben. In aller Regel mit den Worten: „Also von mir aus gerne, aber entscheiden muss das natürlich Mama." Und schon hat sie den Schwarzen Peter zugeschoben bekommen.

! Lieber Hundehalter, jetzt werden Sie sicher ein schlechtes Gewissen haben – denn bei Ihnen ist es bestimmt genauso gelaufen. Trösten Sie sich, im Nachhinein sind ja alle froh, dass es nun endlich einen Hund in der Familie gibt. Und mittlerweile können Sie auch damit leben, dass der Hund von Ihrer Frau wesentlich häufiger gestreichelt wird als Sie.

„Verständlicherweise!!! Es wird doch wohl niemand infrage stellen, dass wir uns deutlich flauschiger anfühlen als Männer …"

Ein Welpe soll es sein!

Letztendlich gibt die Dame des Hauses also doch nach und – ein Hund kommt ins Haus! Natürlich geloben alle, sich gewissenhaft auf das Thema Hundehaltung vorzubereiten und keineswegs einen total unüberlegten Spontankauf zu tätigen. Zusammen besuchen sie die Buchhandlung und erwerben ein dickes Buch über Rassenkunde, um den passenden Hund herauszusuchen.

Die Eltern sind sich einig, dass der Hund familienfreundlich und das Äußere zweitrangig sein sollte. So weit die Theorie … Irgendwann aber wird die Seite im Buch aufgeschlagen, auf der ein Hund zu sehen ist, den alle sooo niedlich und wunderschön finden, dass man sich sofort darauf einigt, zum nächstgelegenen Züchter zu fahren, um „nur mal zu gucken". Die Familie informiert sich nun also „sehr gewissenhaft" im Kleinanzeigenteil des Lokalblatts und findet „ganz schnell" einen „Züchter".

„Züchter? Tststs! Bei den meisten, die in den Kleinanzeigen inserieren, muss man wohl von einem Händler oder Massenproduzenten sprechen."

Die Familie macht sich also auf den Weg zum Händler mit dem felsenfesten Vorsatz, KEINEN Hund zu kaufen, sondern „nur mal zu gucken".

Und so nimmt das Schicksal seinen Lauf: Kaum angekommen, rennen die Kinder sofort zur Wurfkiste, klettern rein und fangen an, mit den Welpen zu spielen. Na klar, der Hund soll ja schließlich auch ein Spielgefährte für die Kinder sein – deshalb muss man ihm von Anfang an zeigen, was ihn bei den Menschen erwartet.

Kleiner Tipp für die Welpen: Selbst wenn du ein kleiner Terrier bist, so ist diese erste Begegnung der völlig falsche Moment, gleich zu zeigen, wie toll du dich schon in bewegte Objekte verbeißen kannst. Mit anderen Worten: Rase nicht sofort dem kleinsten Kind der Familie hinterher! Nein, auch nicht sofort umschmeißen und damit prahlen, dass die Menschen gute fünf Minuten gebraucht haben, um das Hosenbein aus deinem Kiefer zu befreien. Keine Panik, diese große Kunst des Beutefangverhaltens darfst du in den nächsten 15 Jahren an jedem Besucher demonstrieren. Aber erst einmal müssen sie dich doch mitnehmen!!!"

Mutter und Vater beobachten zunächst unsicher, aber doch sehr angetan das niedliche Welpengrüppchen. Und plötzlich passiert es: Einer der Welpen stürmt auf das „zukünftige Frauchen" zu. Sie geht in die Hocke, und der Welpe klettert auf ihren Schoß. Und nun ist es geschehen! In diesem Moment stellt sich weder die Frage, ob man überhaupt einen Welpen kaufen wollte, noch die, welcher Welpe es sein soll. „Der hat MICH ausgesucht", klingt es mit verzückter Stimme.

Der tapsige Gang, die großen runden Augen und der große Kopf auf dem kleinen Körper – all das, was die Natur bereithält an Kindchenschema, löst beim zukünftigen Frauchen sowieso sämtliche Brutpflegeinstinkte aus. Und jetzt auch noch das: Der Welpe hat sich sein neues Frauchen selbst ausgesucht. Er scheint eine unerklärliche – von der ersten Sekunde an beste-hende –, aufrichtige Begeisterung für diesen einen Menschen zu haben. Welch unglaublich schmeichelhafter Gedanke! Dass dieser Welpe unter Umständen der frechste, forscheste, am schwierigsten zu erziehende sein kann, spielt in dieser Sekun-de ebenso wenig eine Rolle wie der völlig entsetzte Blick des Vaters.

Oder vielleicht auch zwei?!

Denn der Vater hatte währenddessen mit zufriedener Miene das Spiel der anderen Welpen beobachtet. Und einer der Welpen war beim Raufen mit seinen Artgenossen besonders hartnäckig. Er, hier liegt die Betonung nicht auf „er", der Welpe, sondern „er", der Rüde, spielte besonders wüst – er schien sich durchsetzen zu wollen: Er knurrte deutlich lauter als seine Geschwister und ist zudem der größte im Wurf. Beim Vater verfestigt sich nun der Gedanke: „Aus dem wird mal ein richtiger Kerl."

Frauchen trägt „ihren" Hund aber bereits auf dem Arm. Selbstverständlich auf den Rücken gedreht, sodass er einem Säugling noch mehr ähnelt. Und mit einem glückseligen Gesichtsausdruck wiegt sich das vermeintliche Frauchen schließlich so lange hin und her, bis der Welpe auf ihrem Arm zufrieden eingeschlafen ist.

„Tipp für die Welpen: Wenn ihr jetzt einen leichten Druck auf der Blase verspürt, dann müsst ihr euch nicht zusammenreißen. Lasst es einfach laufen ... Das tut der Liebe keinen Abbruch und sorgt direkt für ein neues Gesprächsthema!"

Der Vater versucht zwar noch zu insistieren: „Hier, der mit dem dicken Kopf, den nehmen wir!", aber Kinder und Gattin ignorieren einfach den absurden Wunsch des Vaters und beratschlagen bereits über einen Namen für das neue Familienmitglied ...

Ein Welpe soll es sein!

♀ Wie wählt der weibliche Single seinen Welpen aus?

Bei weiblichen Singles läuft das ganze Prozedere übrigens genauso ab. Allerdings müssen sie sich nicht taub stellen, wenn der Ausruf ertönt: „Hier, der mit dem dicken Kopf, den nehmen wir!"

♂ Wie wählt der männliche Single seinen Welpen aus?

1. Der männliche Single, der sich eingesteht, nicht länger allein bleiben zu wollen:
   Dieser Mann informiert sich sehr genau über die charakterlichen Stärken der einzelnen Rassen. Er führt sogar intensive Gespräche mit befreundeten Hundehaltern und lässt sich beraten. Allerdings bezieht sich sein Interesse in keiner Weise darauf, welche Eigenschaften die Rassen wirklich haben. Sein Fokus liegt einzig und allein darauf, welche Wirkung der Hund beim weiblichen Geschlecht erzielt und wie hoch damit der Flirtfaktor sein wird.

2. Der männliche Single, der gerade einen mittelschweren Rosenkrieg samt Trennung hinter sich hat:
   Dieser Mann informiert sich nicht eine Sekunde über irgendwelche Rasseeigenschaften. Hauptsache, ein unkastrierter Rüde kommt ins Haus! Schließlich lebt es sich immer noch am besten in einer Männer-WG.

Geheimsprache

Es gibt unter den Hundefans (HF) eine Art Geheimsprache, die sogenannte GDHF: Geheimsprache deutscher Hundefans. Alle anderen sollen die Aussagen wörtlich nehmen und den Verharmlosungen Glauben schenken – das wünschen sich jedenfalls die Hundehalter. In aller Regel klappt das auch, da einem erst bei genauerer Beschäftigung mit der Sprache einige „Ungereimtheiten" auffallen ...

 HF sagt    **HF meint**

Wir wollen uns beim Züchter nur mal informieren und werden sicherlich keinen Welpen mitnehmen!

Wir werden definitiv mindestens einen Welpen kaufen.

Es war Liebe auf den ersten Blick! Der Hund hat mich beim Züchter ausgesucht!

Ich konnte einfach nicht anders, als den Vorwitzigsten zu nehmen. Wer hätte denn ahnen können, dass er ein solcher Rabauke wird?

Wir haben uns vorher sehr intensiv informiert!

Wir haben ein Rassenlexikon gekauft und uns spontan in diese braunen

15

Ein Welpe soll es sein!

Augen verliebt. Aber immerhin haben wir bis zum
Wochenende gewartet,
bevor wir uns einen Welpen
gekauft haben.

Ja, wo isser denn?

Wie schön, dass ich dich
nach all der langen Zeit
wiedersehe. Immerhin war
ich zehn Minuten im Keller.

Nackenschütteln

Verhaltensstörung bei
Menschen, die versuchen,
einen Welpen umzubringen,
nur weil er auf den Teppich
gepinkelt hat.

Trainingscamp und Erstausstattung

Ein Welpe soll es sein!

Trainingscamp und Erstausstattung

Sie haben sich entschieden, einen Welpen zu kaufen? Herzlichen Glückwunsch, auf Sie kommt eine wundervolle Zeit zu. Sie hatten bereits einen Hund im Welpenalter und denken sich: „Halt, Moment mal – eine wundervolle Zeit? Das Ganze war aber auch sehr anstrengend und hat mich ziemlich oft überfordert." Na ja, das lag sicher nicht am Welpen, sondern an der Tatsache, dass Sie nicht ausreichend vorbereitet waren. Jeder zukünftige Hundehalter sollte deshalb folgendes zwölftägige Trainingscamp durchlaufen, BEVOR er sich einen Hund ins Haus holt!

TAG 1 Stellen Sie Ihren Wecker so, dass er Sie nachts mindestens alle drei Stunden weckt! Springen Sie aus dem Bett und rennen Sie so schnell wie möglich in den Garten.

WICHTIG: Wählen Sie eine Nacht vor einer wichtigen Arbeitsbesprechung! Wiederholen Sie diese Übung mehrere Nächte hintereinander.

TAG 2 Laufen Sie an einem regnerischen Tag durch den matschigen Garten. Gehen Sie danach mit Ihren völlig verdreckten Schuhen durch die frisch geputzte Wohnung.

WICHTIG: Rennen Sie auf alle Fälle über Ihren kostbaren weißen Wohnzimmerteppich.

TAG 3

Nehmen Sie sich eine Schaufel und buddeln Sie viele tiefe Löcher in den Rasen.

WICHTIG: Ein großes Loch sollte sich genau auf dem Weg befinden, den Sie im Dunkeln immer durch den Garten nehmen müssen.

TAG 4

Laden Sie Ihre besten Freunde ein, die keine Tiere haben, und halten Sie einen zweistündigen Monolog über Rennschnecken. Genauso spannend werden diese es später finden, wenn Sie lange und ausführlich erzählen, wie toll Ihr Welpe inzwischen Sitz machen kann.

WICHTIG: Halten Sie durch, und hören Sie auf keinen Fall zu reden auf. Selbst wenn der letzte Besucher schon nach fünf Minuten gegangen ist und Sie ganz allein in der Wohnung stehen.

TAG 5

Verschütten Sie beim Besuch Ihrer Nachbarin plötzlich Ihren Kaffee.

WICHTIG: Schütten Sie den Kaffee auch über die Kleidung Ihrer Nachbarin. Achten Sie unbedingt darauf, dass der Kaffee richtig heiß ist. Denn der Welpe wird Sie immer dann anstupsen, wenn Sie gerade einen Becher Kaffee in der Hand halten.

Ein Welpe soll es sein!

TAG 6 Drehen Sie Ihren CD-Spieler auf volle Lautstärke! Gehen Sie dann zu Ihren Nachbarn und entschuldigen sich für den Krach.

> **WICHTIG:** Öffnen Sie sämtliche Fenster Ihres Hauses, damit es auch wirklich alle Nachbarn hören. So können sich die Nachbarn schon einmal an den Lärm gewöhnen, den Ihr Hund mit jedem Bellen macht.

TAG 7 Zerreißen Sie die Tageszeitung in viele kleine Stücke und zerstreuen diese im Wohnzimmer.

> **WICHTIG:** Nehmen Sie den Teil der Tageszeitung, den Sie noch nicht gelesen haben.

TAG 8 Tragen Sie einen blauen und einen grünen Socken. Denn der Welpe versteckt einzelne, zuvor zerkaute, Socken so gut, dass sie erst einmal nicht mehr auffindbar sind.

> **WICHTIG:** Die Socken sollten beide ein Loch haben.

TAG 9 Stöpseln Sie einen Tag lang das Telefon aus. So lange müssen Sie ohne Telefon auskommen, wenn der Welpe die Dose aus der Wand gerissen hat und der Telekom-Mitarbeiter nicht abkömmlich ist.

> **WICHTIG:** Wählen Sie für diese Aktion einen Sonntag aus!

TAG 10

Sprechen Sie mit Ihren Bekannten in einer erfundenen Sprache und wiederholen Sie alles, was Sie sagen, unbedingt mehrmals.

WICHTIG: Bitten Sie Ihre Bekannten, frühestens ab dem dritten Mal zu antworten. Denn Ihr Welpe wird auch erst so spät reagieren.

TAG 11

Robben Sie einmal über den matschigen Rasen, hüpfen Sie danach mehrmals auf und ab und quietschen Sie dazu in den höchsten Tönen. So soll der Welpe laut Hundetrainer gerufen und aufmerksam gemacht werden.

WICHTIG: Veranstalten Sie diesen Tanz, während Ihre Nachbarn gerade mit Gästen auf der Terrasse sitzen und Kaffee trinken.

TAG 12

Setzen Sie sich an einem stürmischen Tag in Ihren Lieblingssessel vor den Kamin, essen Sie ein großes Stück Schokolade und kuscheln sich in Ihre Decke ein. Exakt dieses Gefühl werden Sie haben, wenn Ihr Welpe in Zukunft auf Ihrem Schoß einschläft.

WICHTIG: Sollten Sie in dieser Sekunde die letzten elf Tage vollkommen vergessen haben, dann ist jetzt auf alle Fälle der richtige Zeitpunkt gekommen, um den Welpen vom Züchter abzuholen.

Ein Welpe soll es sein!

Zu den Vorbereitungen des Großereignisses „Welpenankunft" gehört natürlich auch der Einkauf einer „kleinen" Erstausstattung (O-Ton Frauchen). Diese wurde bereits am Abend vor der Ankunft des neuen Familienmitglieds systematisch in der Wohnung verteilt:

 1 Halsband und 1 Leine aus Stoff in Grün – für die Waldspaziergänge.

 1 Halsband und 1 Leine aus Stoff in Blau – zum Schwimmen.

 1 Halsband und 1 Leine aus Leder mit Strass – zum „Ausgehen".

Selbst wenn es ihr im Grunde peinlich ist, so musste Frauchen es einfach kaufen und argumentiert: „Es schadet dem Kleinen nicht, und wir machen uns auch schick, wenn wir ausgehen."

 1 Halsband und 1 Leine aus Leder ohne Strass – fürs Büro.

Denn Herrchen weigert sich, den Hund mit zur Arbeit zu nehmen, wenn er die anderen „Outfits" trägt.

 2 Brustgeschirre in zwei verschiedenen Farben. Die Halsbänder könnten dem Welpen unter Umständen Schaden am Hals zufügen. Die zwei Farben deshalb, weil die Kinder sich nicht entscheiden konnten, welche nun besser zur Fellfarbe des Welpen passt.

 1 Flexileine – der Kleine soll ja von Beginn an seine Freiheit genießen, auch wenn er angeleint ist.

 3 Körbchen – eines fürs Schlafzimmer, eines fürs Wohnzimmer und eines für den Fall, dass dem Hund zwei Körbchen zu wenig sind.

„Keine Panik. Das mit den Körbchen meinen die Menschen nicht so ernst – die Couch und das Bett sind ja auch deutlich bequemer. Damit sie glauben, dass wir keinesfalls älter als zwei Jahre werden, wenn wir nur im Körbchen schlafen, musst du Folgendes tun: Befindet sich einer deiner Menschen ohne dich auf der Couch oder im Bett, musst du unverzüglich jaulen und winseln. Schlafe NIEMALS im Körbchen ein, sondern zerstöre es durch systematisches Nagen. Falle aber sofort in den tiefsten Schlaf, sobald du auf der Couch oder im Bett liegst."

 Jede Menge Spielzeug: 1 quietschendes Gummihuhn, 1 geknotetes Tau aus Wolle, 4 verschiedene Bälle aus unterschiedlichen Materialien und in verschiedenen Größen, 1 Kong und 1 Intelligenzspielzeug aus Holz – der Kleine soll beweisen dürfen, wer hier der wahre Einstein unter den Nachbarstölen ist.

Ein Welpe soll es sein!

 2 Bürsten – eine für die Unterwolle und eine für das Fell

 2 Zeckenzangen – eine für zu Hause und eine für unterwegs

„Ah! Da fällt mir noch was ein: Mit diesem Trick kommst du ganz schnell auf das gemütliche Sofa! Wenn du groß genug bist, dann lege IMMER den Kopf auf die Couch oder das Bett, sobald deine Menschen darauf sitzen oder liegen. Wedle dabei dezent mit hängender Rute, drehe den Kopf etwas seitlich, atme entspannt und gleichmäßig. Und mache bloß nicht den Fehler, einfach hochzuhüpfen! Verharre in der eben beschriebenen Position nur 60 Sekunden – und schon hast du den Menschen suggeriert, dass du respektierst, dass es deren Couch ist. Sie denken, wenn sie jetzt „Hopp!" sagen, haben SIE entschieden. Lasse sie einfach in dem Glauben ..."

4 Büffelhautknochen, 6 getrocknete Schweineohren, 1 Ochsenziemer groß – dies ist ein bis zu 120 cm langer Bullenpenis, der hauptsächlich aus Proteinen besteht. In luftgetrockneter Form und maulgerecht portioniert, eignet er sich hervorragend zur schmackhaften täglichen Zahnhygiene des Vierbeiners.

Last, but not least: Höhenverstellbare Futter- und Wassernäpfe. Der Gute soll keinen Haltungsschaden bei der Nahrungsaufnahme bekommen.

Ein Welpe soll es sein!

„Pst! Zum Schluss noch ein Tipp: Auch wenn die Menschen sich auf deiner Couch mitunter zu breit machen, knurre sie um Himmels willen nicht an. Mit ein wenig Pech rät ihnen ein Hundetrainer, dass du gar nicht drauf sollst. Ich selber habe die besten Erfahrungen gemacht, wenn ich mich einfach auf meinen Rücken gedreht und zurückgedrückt habe. In aller Regel machen sie dann wieder mehr Platz und kraulen sogar meistens noch deinen Bauch. Wenn dich das nervt, dann lass halt ordentlich einen fahren. Sie gehen dann meistens auf das andere Sofa und lassen sogar etwas frische Luft herein …"

Der Welt-Welpen-Abholtag

Ein Welpe soll es sein!

Der Welt-Welpen-Abholtag

Nachdem Sie das Trainingscamp erfolgreich absolviert und die kleine Erstausstattung besorgt haben, machen Sie sich nun auf den Weg zum Züchter. Wie weit entfernt dieser Züchter auch leben mag, ist allen völlig gleichgültig. Getreu dem Motto „Für uns und den Kleinen von Anfang an das Beste" ist die prämierte Leistungszucht gerade gut genug – liegt sie auch 600 Kilometer oder noch weiter entfernt … Komischerweise fällt der Abholtag immer auf einen Samstag. Es scheint eine Art „Welt-Welpen-Abholtag" zu geben, den „WWA" sozusagen.

Da die wenigsten Welpen bereits beim Züchter ans Autofahren gewöhnt wurden und manche sie vor der Fahrt noch einmal füttern, wissen die neuen Hundehalter in aller Regel nach 15 Minuten, wie sich Welpenerbrochenes anfühlt. Und zwei Tage später erinnert man sich auch noch an den Geruch. Dabei glaubte man, jedes noch so kleine bisschen aus den Ritzen der Autositze entfernt zu haben.

„Keine Panik, das tut der Liebe absolut keinen Abbruch. Winsele danach einfach intensiv, dann darfst du auf den Schoß von Frauchen. Ignoriere aber gekonnt, was sich unmittelbar danach im Auto abspielt: Denn ab jetzt wird sie an Herrchens Fahrstil herumkritteln. Für dich ist das die erste kleine Übung, bei den passenden Gelegenheiten wegzuhören. Das wirst du später im Park sicher noch öfter tun, wenn dich die Menschen zurückpfeifen wollen, während du gerade ‚Fang den Jogger' spielst."

Um dem lieben Kleinen die Ankunft so schön wie möglich zu gestalten, haben die frischgebackenen „Hundeeltern" zu Hause natürlich schon alles längst vorbereitet. Selbstredend wurden alle informiert, damit am „WWA" der süße Welpe auch gebührend empfangen wird. Und so warten inzwischen folgende Personen ungeduldig auf die Rückkehr der stolzen Welpenbesitzer und deren „Nachwuchs":

Alle Kinder aus der Nachbarschaft – mindestens aber 34 an der Zahl, denn der Welpe soll sich von Anfang an gut an Kinder gewöhnen.

Jedes dieser Kinder hat ein lärmerzeugendes Spielzeug dabei. Der Hund soll sich ja nicht nur an Kinder gewöhnen, nein, er soll auch von Beginn an laut spielende Kinder schätzen und lieben lernen. So stehen also bereit: Fahrrad mit Klingel, Babyrasseln, Knallerbsen, Luftballons, Spielzeugpistolen, Schiedsrichterpfeife, Trompete, gasbetriebene Hupe (kennt man von den Fußballspielen), batteriebetriebener CD-Player, CD von Tokio Hotel und natürlich ein Schlagzeug ...

Alle Nachbarn, mindestens aber 13 Personen, die bereits seit Stunden warten. Wer hätte denn damit rechnen können, dass so ein bisschen Welpenerbrochenes zu einer mehrstündigen

Ein Welpe soll es sein!

Fahrtpause führt? Die Nachbarn haben die Wartezeit aber für eine spontane Feier mit reichlich Alkoholkonsum genutzt. Auf diese Weise kann der Welpe gleich lernen, dass sich alkoholisierte Menschen nicht automatisch negativ verhalten.

Mutter und Vater mütterlicherseits. Schließlich sollen die aufpassen, wenn die Familie in den Urlaub fährt.

Mutter und Vater väterlicherseits. Schließlich sollen die ja aufpassen, wenn die anderen Großeltern nicht können ...

„... oder ihnen etwas zustößt! Seien wir doch mal ehrlich!"

Die beste Freundin, die unter einer Hundephobie leidet. Sie soll vom ersten Tag an Freundschaft mit dem Welpen schließen und noch Jahre später davon berichten, dass ER es war, der sie geheilt hat.

Der beste Freund, der allergisch auf Hundehaare reagiert. Bei dem neuen Wollknäuel wird er schon merken, dass der damalige Anfall von akuter Atemnot mit darauffolgendem Luftröhrenschnitt im Notarztwagen plus dreitägigem Aufenthalt auf der Intensivstation rein psychosomatischer Natur war.

Endlich zu Hause angekommen, fällt die Begrüßung durch das Empfangskomitee doch weniger stürmisch aus, als zu befürchten war – denn der Welpe ist von der langen Fahrt so erschöpft, dass er eingeschlafen ist. Und zwar so tief und fest, dass er all die „Ohs" und „Ahs" und „Der ist ja süüüß" gar nicht mitbekommt. Selbst, dass die Menschen bereits am ersten Tag versuchen, dem Hund kahle Stellen ins Fell zu streicheln, bleibt vom Neuankömmling ungewürdigt.

Nachdem alle Menschen, außer die Omas und Opas natürlich, wieder von dannen gezogen sind und der Welpe im Wohnzimmerkörbchen deponiert wurde, geschieht das Sensationelle: Er erwacht. Endlich lernt das Tier seine neue Heimat kennen. Doch noch bevor der Welpe sich aufmacht, all die Dinge zu würdigen, die Sie extra für ihn erworben haben, entscheidet er sich für einen winzig kleinen Schnüffler am Teppich und für einen umso größeren See auf demselben. Spätestens jetzt wissen alle Beteiligten, dass Welpen direkt nach dem Schlafen mal müssen.

Nun wird der Welpe in den Garten gebracht. Die ganze Familie fiebert förmlich dem ersten Haufen des eigenen Hundes entgegen. Bei jedem noch so kleinen Innehalten geht sie davon aus, dass der große Augenblick gekommen ist. Eine Art Countdown des Schnüffelns, Verharrens und Weiterschnüffelns beginnt – und da kommt er auch schon: der lang ersehnte Haufen.

Ein Welpe soll es sein!

An dieser Stelle sei erwähnt, dass die Freude über den Haufen des eigenen Hundes – am richtigen Ort platziert – nie aufhört. Das hat vor allem mit den Folgen zu tun: Wer schon einmal erlebt hat, was passiert, wenn der eigene Hund auf die Fußmatte des Nachbarn, mit dem man seit Jahren streitet, einen durchaus beachtlichen Haufen setzt, weiß, wovon ich rede …

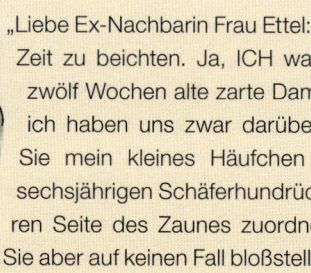

„Liebe Ex-Nachbarin Frau Ettel: Nun ist es an der Zeit zu beichten. Ja, ICH war es damals, die zwölf Wochen alte zarte Dame. Herrchen und ich haben uns zwar darüber amüsiert, dass Sie mein kleines Häufchen dem stattlichen sechsjährigen Schäferhundrüden auf der anderen Seite des Zaunes zuordneten. Wir wollten Sie aber auf keinen Fall bloßstellen. Und wenn wir schon beim Thema sind: Ich meinte es auch nicht böse, als ich Ihre Bonsaisammlung aus den Töpfen gerupft habe …

Nachdem der Welpe sich nun endgültig seiner Hinterlassenschaften entledigt hat, geht es wieder rein, um ihm alle Errungenschaften zu zeigen: Das gesamte Spielzeug wird präsentiert und mindestens drei verschiedene Halsbänder angelegt, um zu testen, welches „Outfit" ihm am besten steht. In jedem Körbchen wird Probe gelegen und gebürstet wird der Welpe natürlich auch. Während die Kinder mit dem Hund toben, fällt der Mutter siedend heiß ein, dass im Auto noch das Futter für den Hund steht. Der Vater wird also losgeschickt, um den 15 Kilo schweren Sack zu holen.

Bei dieser Aktion taucht der von allen völlig vergessene Futterplan mit den detaillierten Angaben des Züchters wieder auf. Und beim Betrachten des Plans fährt der Mutter gleich der nächste Schreck in die Glieder. Denn hier findet sich der ausdrückliche Hinweis, dass der Welpe massive gesundheitliche Probleme bekommt und keinerlei Haftung für Langzeitschäden übernommen wird, wenn er nicht auf die Sekunde genau um 8, 12, 16 und 20 Uhr das von ihm empfohlene Futter bekommt.

„Liebe Hunde, bitte, bitte sorgt dafür, dass die Menschen NIE, wirklich NIE spitzbekommen, dass wir durchaus in der Lage sind, eine unregelmäßige Nahrungsaufnahme zu überleben. Sie müssen doch nicht wissen, dass bei unseren Kumpels, die auf der Straße oder im australischen Outback leben, nicht immer zu festen Zeiten der Hase das Lätzchen reicht. Und schon von weitem ruft: ‚Es ist angerichtet, Mylady.' Ich kenne übrigens einen Fall aus der Nachbarschaft, da hat ein Rüde es geschafft, dass seine Menschen seit gut vier Jahren nicht mehr ins Kino gehen, weil er auf die 20:18-Uhr-Fütterung besteht. Man munkelt sogar, er bietet hierzu Kurse an …"

Welch ein Riesenglück, es ist 19:58 Uhr und der Vater hat – trotz akuten Brechens – die Futterzeiten während der Autofahrt eingehalten, sodass sich keiner einen Vorwurf zu machen braucht.

Ein Welpe soll es sein!

Geheimsprache

 HF sagt

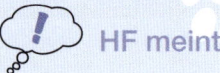 **HF meint**

Ich bin schon als Kind mit Hunden aufgewachsen! *(blasierte Mimik)*	Ich bin quasi von der Mutterhündin im Zwinger gesäugt worden! Sie wissen wohl nicht, wen Sie vor sich haben! Hier spricht die Hundeweisheit in Person!
Ich bin schon als Kind mit Hunden aufgewachsen! *(freundliche Mimik)*	Obwohl ich schon so lange mit Hunden zusammenlebe, lerne ich doch jeden Tag aufs Neue, wie nuanciert Hunde kommunizieren.
Ich durfte als Kind nie einen Hund haben!	*Ausdruck tiefer Trauer über eine schier sinnlose Kindheit. Zugleich ein Erklärungsversuch, warum der heiß ersehnte Hund sooo verwöhnt werden muss.*
Der meint das nicht so!	Warum er es aber immer wieder macht, habe ich verdrängt.

Sind Sie ein „Hundemensch"?

Sind Sie ein „Hundemensch"?

„Hundemenschen" sind eine ganz spezielle Rasse, die aber weder von der FCI (Fédération Cynologique Internationale) noch vom VDH (Verband für das Deutsche Hundewesen) anerkannt werden. Na ja, das stimmt nicht so ganz. Anerkannt, im Sinne von respektiert, werden die „Hundemenschen" von beiden Verbänden – allerdings sind sie nicht bei den einzelnen Hundegruppen aufgelistet.

Auch in Hundeforen oder der einschlägigen Literatur findet sich nichts über den „Hundemenschen": Woran erkenne ich ihn beispielsweise gleich? Wird man etwa als „Hundemensch" geboren? Sind Beziehungen zwischen „Hundemenschen" und „Nicht-Hundemenschen" überhaupt möglich? Bin ich vielleicht selber einer und weiß es gar nicht?

Ich persönlich zähle mich zur Rasse der „Hundemenschen" und glaube, dass der Begriff „Homo sapiens canis familiaris affinitas" – der mit dem Haushund verschwägerte Mensch – es am besten trifft. Vielleicht sollte ich diesen Namen schützen lassen und einen Antrag beim VDH stellen, damit diese Rasse endlich eingetragen wird …

Füllen Sie den Fragebogen gewissenhaft und ehrlich aus, dann werden auch Sie am Ende des Tests wissen, ob Sie zur Gattung „Homo sapiens canis familiaris affinitas" gehören. Für jedes Ja gibt es einen Punkt.

Der ultimative Test

✔

☐ Halten Sie Hundekörbe für ein zauberhaftes Möbelstück, das in keinem Haus fehlen darf? Können Sie sich deshalb auch gar nicht vorstellen, dass es Menschen gibt, die so etwas nicht besitzen – selbst wenn sie gar keinen Hund haben?

☐ Könnte das Schnarchen Ihres Mannes für Sie ein Grund sein, einen Mord zu begehen? Das Schnarchen Ihres 13-jährigen Rüden löst hingegen ein unfassbares Wohlbefinden in Ihnen aus?

☐ Haben Sie mindestens drei Hundezeitungen abonniert und wissen ganz genau, in welcher Reihenfolge Sie diese in einem extra hierfür angelegten Ordner abgeheftet haben, können sich aber partout nicht daran erinnern, wo sich Ihre Kontoauszüge befinden?

☐ Besitzen Sie die feinste und beste Ausrüstung für Ihre Hunde, spielen selbst aber mit einem Holzschläger Tennis, der schon von Jimmy Connors als Auslaufmodell bezeichnet wurde?

☐ Können Sie nachts in Positionen schlafen, um die Sie jeder Yogaprofi beneiden würde? Und das nur, weil Sie die Hunde in Ihrem Bett nicht stören wollen.

Ein Welpe soll es sein!

☐ Haben Sie einen Ehepartner, der weiß, dass die Forderung „Entweder ich oder der Hund" ein Eigentor wäre?

☐ Gibt es Menschen, deren Namen Sie nicht kennen, obwohl Sie diese mehrmals wöchentlich während des Spaziergangs mit dem Hund treffen? Dafür wissen Sie aber ganz genau: „Das ist das Frauchen von Luna" oder „Das ist das Herrchen von Ben" etc.

☐ Sind sämtliche Hundemessen für Sie DAS Einkaufsparadies, in dem Sie sich stundenlang aufhalten? In jedem anderen Geschäft fühlen Sie sich hingegen überflüssig, weil Sie weder Ihre Hunde mitnehmen noch etwas für sie einkaufen können?

☐ Achten Sie auf eine gesunde Kost bei Ihrem Hund, essen aber selbst mindestens dreimal wöchentlich Fast-Food-Produkte?

☐ Fahren Sie sofort zum Spezialisten oder in die Uniklinik, wenn Ihr Hund eine kleine Schramme hat? Wenn Sie sich aber an der Futterdose den halben Daumen abgetrennt haben, reicht ein Heftpflaster aus dem Verbandskasten der 70er-Jahre?

☐ Hatten Freunde, bei denen Sie Trauzeuge sein sollten, Angst, dass Sie statt der Trauringe die Steuermarken Ihrer Hunde mitnehmen – und ist es tatsächlich so gekommen?

Sind Sie ein „Hundemensch"?

☐ Wählen Sie den Babysitter insgeheim danach aus, ob Ihre Hunde ihn mögen und weniger Ihre Kinder?

☐ Werden Sie nachts beim leisesten Winseln wach und sehen sofort nach, was Ihr Hund haben könnte? Den nächtlichen Asthmaanfall Ihres Ehepartners bemerken Sie aber erst, nachdem der Notarzt Sturm klingelt. Und dies auch nur, weil die Hunde bellen.

☐ Bricht es Ihnen das Herz, wenn Sie Ihren Hund am Wochenende einmal für drei Stunden zu Hause lassen müssen, leben aber prima damit, dass Sie Ihren Ehepartner unter der Woche aufgrund der vielen Geschäftsreisen nie zu Gesicht bekommen?

☐ Essen Sie völlig unbeirrt weiter, wenn Sie in Ihrer Pizza ein Haar Ihres Hundes bemerken, bekommen aber nur bei dem Gedanken daran, dass das Haar vom Pizzabäcker stammen könnte, einen riesigen Herpes an der Lippe?

☐ Belehren Sie zu jeder Tages- und Nachtzeit Menschen, wie sie ihren Hund erziehen sollen, fallen aber beim Elternabend Ihrer Kinder in einen komatösen Tiefschlaf?

☐ Denken Sie darüber nach, die DHP (Deutsche Hunde-Partei) zu gründen und hoffen, als Spitzenkandidat in den Bundestag einzuziehen? Und als Erstes würden Sie die „Befreiung von der Hundesteuer ab dem dritten Hund" fordern?

Testergebnis

17 Punkte

Sie sind krank! Suchen Sie bitte umgehend, am besten JETZT GLEICH einen Psychologen auf!

16 bis 8 Punkte

Sie gehören definitiv zur Gattung „Homo sapiens canis familiaris affinitas". Ob Sie von Geburt an oder durch intensive Sozialisation dieser Spezies zuzurechnen sind, ist unerheblich. Wenn Sie das allerdings interessiert, testen Sie auch Ihre Eltern und Geschwister. Erzielt einer Ihrer Verwandten die maximale Punktzahl, dann wissen Sie ja, zu wem Sie ihn bringen müssen. Sollten noch andere Familienmitglieder zwischen acht und 16 Punkte erreicht haben, sind Sie mit großer Wahrscheinlichkeit erblich vorbelastet. Falls aber keiner in Ihrer Familie auf acht Punkte kommt, rate ich Ihnen, Ihre Freunde den Test machen zu lassen. Auf diese Weise erfahren Sie, durch wen Sie – trotz mangelnder genetischer Veranlagung – zu einem Exemplar des „Homo sapiens canis familiaris affinitas" wurden.

7 bis 3 Punkte

Wenn Sie einen Hund halten, dann suchen Sie bitte so schnell wie möglich ein neues Zuhause für ihn.

Unter 3 Punkte

Sie reagieren allergisch auf Hundehaare, halten Zierfische oder sogar beides …

Zwiegespräche

Ob Sie es mir glauben oder nicht: Die nachfolgenden „Dialoge" zwischen Hundefans (HF) und „Nicht-Hundefans" (NHF) finden mitunter wirklich so statt. In aller Regel hat der NHF dabei eine sehr verunsicherte Mimik, während der HF einen komplett genervten Gesichtsausdruck an den Tag legt.

 NHF fragt   **HF antwortet**

Nein, er schluckt im Ganzen!

Nein, er tritt Sie vors Schienbein!

Hin und wieder mal ein bisschen. Hier in einen Arm und da in einen Fuß!

Beißt der?

Nö, der hat die Zähne nur zum Grinsen.

Natürlich, sonst würde er verhungern!

War das eine Frage an mich oder an den Hund?

Ein Welpe soll es sein!

Hört Ihr Hund?

Klar, aber nicht auf Sie.

Klar, nur nicht auf das, was ich sage.

Klar, nur nicht auf mich.

Tut der was?

Ja, atmen.

Nein, er ist in Rente.

Alles, nur nicht das, was ich von ihm will.

Ist da ein Kampfhund mit drin?

Ich befürchte schon, er kämpft täglich! Mit der Müdigkeit und dem Übergewicht.

Ich habe ihn noch nicht aufgemacht und reingeguckt.

Die erste Fütterung zu Hause

Ein Welpe soll es sein!

Die erste Fütterung zu Hause

Der ersten Fütterung im eigenen Revier steht nun gar nichts mehr im Weg. Selbstverständlich will die Familie diese Mahlzeit gemeinsam zelebrieren – alle versammeln sich in der Küche: Der eine hält den Napf, der andere öffnet den Futtersack. Und der Dritte darf mit der eigens dafür angeschafften Kelle das Futter auf die Briefwaage – die Küchenwaage könnte viel zu ungenau sein! – schaufeln. Schließlich sind laut Züchter nicht nur die Zeiten, sondern auch die Futtermengen auf das genaueste einzuhalten. Zu guter Letzt bleibt es der Frau des Hauses vorbehalten, das Futter zu überreichen. Dass der Neuankömmling aufgrund der unglaublich vielen neuen Reize derart erschöpft ist, dass er sich kaum noch auf seinen Beinen halten kann, ist allen Familienmitgliedern anscheinend völlig entgangen.

Frauchen präsentiert also feierlich den gefüllten Napf. Da der Welpe aber in der anderen Ecke des Raumes liegt und nicht sofort angeschossen kommt, geht sie gleich in Aktion über: Laut ahmt sie Schmatzgeräusche nach, die von heftigem Wühlen und Umrühren des Trockenfutters in der Schüssel begleitet werden, um den Futterneid des Welpen zu wecken. Als das nichts hilft und der Welpe sich immer noch nicht rührt, legt sie einen Zahn zu, nimmt einzelne Bröckchen in die Hand und „singt" in höchster Tonlage: „Hm! Lecker, lecker! … Hm, hm! … Schmeckt das fein! … Schau, Frauchen probiert … hm! Lecker, lecker! …"

Trotz aller Müdigkeit hat der Welpe das Geschehen aufmerksam verfolgt und dabei schon so einiges gelernt: „Oh, Frauchen beschäftigt sich aber intensiv mit dem Futter. Es gehört anscheinend ihr. Na ja, dann rege ich mich besser nicht auf – wegen ein paar Krümeln Trockenfutter. Außerdem bin ich eh total erschöpft, vermisse meine Geschwister, und mir ist immer noch flau im Magen von der Autofahrt. Am besten drehe ich mich um und spiele unbeteiligt."

Und genau das ist der Moment, in dem die Familie panisch wird. Die Kinder nehmen einige Stücke aus dem Napf und bringen diese dem Hund. Sie halten sie ihm direkt vor die Nase, versuchen den Fang des Hundes zu öffnen, um das neue Geschwisterchen „anzufüttern". Das ist dem Welpen jetzt aber richtig unangenehm und er entfernt sich noch weiter. Wie sollte auch das Beutefangverhalten des Welpen auf diese Weise stimuliert werden? Kein Hund hat ein Schema im Kopf, das besagt: Leg dich einfach mit dem Rücken zur Beute. Die Mäuse werden schon eine Polonaise in dein Maul starten. Hätten die Kinder das Hundefutter über den Boden gerollt, wäre wahrscheinlich eher das Reiz-Reaktions-Schema „Beutefangverhalten" ausgelöst worden – der Hund hätte das Futter jagen und verspeisen können.

Der Vater kommentiert alle verzweifelten Fütterungsversuche übrigens konstant mit den Worten: „Ich wollte ja von Anfang an den mit dem dicken Kopf. Das konnte man doch gleich sehen, dass der viel gesünder ist." Während ER den Kaufvertrag studiert und nach dem Rücktrittsrecht bei Krankheit sucht, ruft SIE völlig aufgelöst die Züchterin an: „Frau Krupp, der Welpe frisst nicht, wir machen uns solche Sorgen, wir haben auch die Zeiten eingehalten und das richtige Futter genommen. Können Sie uns einen guten Tierarzt empfehlen?" Frau Krupp hat natürlich einen „todsicheren" Trick parat: „Vermischen Sie das Futter mit etwas Magerquark!"

Und da in jedem gut organisierten Rudel die Hündin für die Aufzucht und der Rüde für die Jagd zuständig ist, wird der Vater einige Sekunden später losgeschickt, um Magerquark zu organisieren. In den 15 Minuten, die es dauert, bis der Vater zurückkehrt, bleiben die Überredungsversuche der restlichen Familienmitglieder erfolglos. Der Welpe droht sogar einzuschlafen. Der Vater hingegen war tatsächlich erfolgreich bei der Jagd nach Magerquark – und das am Samstagabend um acht Uhr! Wie er das geschafft hat? Das wird für immer sein Geheimnis bleiben. Es soll Herrchen gegeben haben, die unter Androhung körperlicher Gewalt durch die gesamte Nachbarschaft auf Beutezug nach Magerquark gingen …

Auf dem Weg ins Haus reißt der immer noch joggende Vater – das arme Tier könnte ja verhungern! – den Deckel der Quark-packung auf. Und wie ein Basketballprofi der NBA wirft er quasi im Vorbeirennen die gesamten 500 Gramm in den Napf. Und siehe da, der Welpe erhebt sich, um den wohlriechenden und vertrauten Duft besser einatmen zu können. Denn bereits in seiner alten Heimat ist er mit Quark versorgt worden.

Doch noch bevor er sich überlegen kann, ob er das Ganze pro-bieren will, rührt Frauchen schon wieder intensiv im Futternapf. Sie spielt sooo täuschend echt vor, dass sie dieses Futter für ihr Leben gerne verspeisen würde, dass der Welpe es ihr nicht schon am ersten Tag streitig machen will. Denn sie ist offen-sichtlich die Wichtigste hier im Haus! Also dreht er sich wieder um und wartet, bis das neue Frauchen fertiggespeist hat.

Dies bringt nun das „Sorgenfass" der Familie endgültig zum Überlaufen. Doch bevor alle zusammen am Samstagabend – inzwischen ist es 20:45 Uhr – eine Tierklinik aufsuchen, wird nochmals der Krisenstab einberufen. Gemeinsam geht es nun an den PC. Wozu kann man denn heutzutage alles googeln? Irgendetwas muss doch über kranke Welpen zu finden sein.

Ein Welpe soll es sein!

Frauchen und Herrchen suchen hier mal wieder nach verschiedenen Informationen: Sie nach homöopathischen Mitteln gegen Reisekrankheit, Trennungsschmerz und Appetitlosigkeit. Er nach Anwälten, die sich auf Kaufverträge bzw. auf das Rücktrittsrecht beim Kauf von Hunden spezialisiert haben.

Allerdings geschieht, noch bevor der Rechner überhaupt auf Betriebstemperatur ist, eine „Wunderheilung". Denn der Welpe hat bemerkt: „Ui, Frauchen hat eine Menge von ihrem Essen für mich übrig gelassen – jetzt kann ich stressfrei die Reste verputzen." Bevor der Welpe allerdings den zweiten Bissen verschlingen kann, rast die ganze Truppe zurück zum Hund und es schallt: „Ja, so isses feiiin … ja priiima …"

„In diesem Moment dürft ihr euren Gedanken ‚Hä? Prima und fein? Leute, wenn ich nicht essen könnte, wäre ich doch heute nicht mehr hier …' auf keinen Fall kundtun! Oder etwa langsamer fressen – oder gar damit aufhören! Das wäre für die Menschen jetzt nicht nachvollziehbar. Und falls ihr Pech habt, fahrt ihr direkt in die Klinik und alle Innereien werden per Ultraschall untersucht."

Bei der ersten Fütterung lernt der Hund also Folgendes:

1. Wenn du dich nicht gleich auf das erstbeste Fressen stürzt, dann bekommst du auf jeden Fall eine andere Speise, die noch wesentlich schmackhafter ist.

2. Die Menschen finden es völlig in Ordnung, dass ALLES, was sie gegessen haben, danach von dir verspeist wird. Wer hätte denn ahnen können, dass die Schwarzwälder Kirschtorte am Sonntag und der Braten an Heiligabend damit nicht gemeint sind …

„Liebe Labis, Goldis, Beagles, Cocker usw., keine Angst, ihr habt nichts, aber auch gar nichts falsch gemacht! Ihr habt genau richtig gehandelt, indem ihr das Futter bereits komplett aufgefressen hattet, bevor der Napf überhaupt den Boden berührte."

Geheimsprache

 HF sagt

Hat etwa noch keiner den Hund gefüttert?

 HF meint

Warum bekomme ich nie eine Antwort? Dann fülle ich in den nächsten 60 Sekunden eben selbst den Futternapf – bevor unser Hund noch verhungert.

Durch die Kastration hat der so zugenommen!

Mein Gott, er hat doch nur diese eine Leidenschaft. Dann gebe ich ihm halt reichlich, damit er glücklich ist.

Ein Welpe soll es sein!

Er ist ein guter Esser, oder?!	Mein Gott, ist der dick!
Er kriegt wirklich nur eine Handvoll Trockenfutter täglich!	UND: Morgens ein Leberwurstbrot. Mittags das, was von unserem Essen übrig bleibt und ein Schweineohr als Nachspeise. Abends seine Kaustangen für die Zähne.
Er bekommt bei uns zusätzlich zum Trockenfutter auch unsere Essensreste.	Ja, ich koche natürlich jeden Tag für sechs Personen, auch wenn wir nur zu viert sind.
Er muss erst in Ruhe die Zeitung zu Ende lesen.	*Zaghafter Versuch der Entschuldigung, warum der Hund nicht einmal seinen Kopf hebt, wenn er gerufen wird.*
Das macht der nur, wenn Sie dabei sind!	Jedenfalls sind Sie der Einzige, der sich so darüber aufregt.

Tagebuchauszüge
aus einem Hundeleben

Tagebuchauszüge aus einem Hundeleben

Oft werde ich gefragt, warum ich so viel Wert auf individuelles Hundetraining lege. Ich kann nur immer wieder betonen, dass jeder Hund seine eigene Persönlichkeit, seine eigenen Schwächen und Stärken hat. Mina hat mit Einwilligung von Henriette, Kaya, Sam, Ronja und Jack Auszüge aus deren Tagebüchern veröffentlichen dürfen – diese veranschaulichen die unterschiedlichen Charaktere sehr gut …

Auszüge aus Henriettes Tagebuch – ein Mops

Tag 264 in meinem adeligen Dasein

Guten Morgääähn. Kaum zu glauben, dass ich bereits um 11:30 Uhr geweckt wurde. Um mich nicht zu stören, hat sich Frauchen zwar wie gewohnt lautlos aus meinem Bett geschlichen, aber der Staubsauger war heute nicht zu überhören. Ich sollte noch einmal darüber nachdenken, ob ich sie wirklich weiterhin in meinem Bett schlafen lasse. Ihr scheinen diese Privilegien nicht zu bekommen.

Herrchen schläft seit vier Monaten auf der Wohnzimmercouch. Dabei habe ich ihn gar nicht verbannt. Er ist freiwillig umgezogen und murmelte dabei so was wie „... dieser Köter schnarcht ja unfassbar laut ...". Was er damit gemeint haben könnte, ist mir allerdings unergründlich.

Tag 265 in meinem adeligen Dasein

Ich hatte heute eine fürchterliche Begegnung mit gewöhnlichen Kötern im Park. Schon aus 200 Meter Entfernung stachelte einer von ihnen zwei seiner Kumpane an. „Schau mal, wie die glotzt", rief er. Unverfrorenheit! „Glotzen" nennt er meinen durchaus messerscharfen Blick! Da spricht ja nur der blanke Neid heraus. Er hätte wohl selbst gerne meine edelsteingleichen, hervorstechenden Augen.

Als uns noch hundert Meter trennten – Frauchen kennt anscheinend die Proletarier-Frauchen und hält es für wichtig, dass ich auch das einfache Volk kennenlerne –, hörte ich sie sagen: „Schau mal, die zieht die Nase kraus, die droht uns." Also, liebe Leute, was ihr „Nase krausziehen" nennt, ist ein unverkennbares Merkmal unseres Adelsgeschlechts und mitnichten eine

Drohgebärde, wie es vielleicht unter euresgleichen üblich ist.

Schließlich waren wir keine fünf Meter mehr voneinander entfernt, und alle drei hüpften bei meiner Ankunft sofort zurück. Sie murmelten: „Sie knurrt, sie knurrt."

Was für eine ungehobelte Gesellschaft! Da bezeichnet man meinen – zugegebenerweise leicht erregten – Atem als Knurren. Ungehobelt!!!

Tag 266 in meinem adeligen Dasein

Heute bleibe ich den ganzen Tag im Bett und erhole mich von dem Schock, den ich durch die Begegnung mit dem Proletariat im Hundepark erlitten habe. Ich gehe davon aus, dass Frauchen meinen Gemützustand erkennt und mir rechtzeitig meine Putenfleischhäppchen reicht …

Auszüge aus Kayas Tagebuch – ein Kangal

Tag 983 im Garten MEINES Reviers

Ich habe heute bewiesen, dass meine 57 Kilo
Körpergewicht problemlos den Zaun niederreißen
können. Wenn sich der Nachbarsrüde hier noch
einmal blicken lässt, reiße ich den neuen
Stahlzaun auf alle Fälle auch ein.

Tag 984 im Garten MEINES Reviers

Herrchen hat einen gelben, runden, mit Filz
beklebten Gegenstand entsorgt. Er stand damit
zwei Minuten vor mir und sagte immer wieder:
„Guck mal, was ich hier habe." Als er ihn
schließlich vor meinen Augen quer durch den
Garten warf und „apport!" rief, dachte ich nur:
„Okay, warum auch immer du einen nagel-
neuen Gegenstand wegwirfst, mich geht es nichts
an."

Tag 985 im Garten MEINES Reviers

Heute habe ich mich dazu entschieden, das Tage-
buchschreiben aufzugeben. Es hat schließlich
keinerlei biologische Funktion und hält mich
nur davon ab, aufs Haus aufzupassen.

Auszüge aus Sams Tagebuch – ein Golden Retriever

Tag 312 im Paradies

7:00 Uhr	SUUUPER! Gassi gehen!
	Das mag ich am liebsten!
8:00 Uhr	SUUUPER! Futter!
	Das mag ich am liebsten!
9:30 Uhr	SUUUPER! Eine Spazierfahrt!
	Die mag ich am liebsten!
9:40 Uhr	SUUUPER! Im Auto pennen!
	Das mag ich am liebsten!

10:30 Uhr	SUUUPER! Eine Spazierfahrt! Die mag ich am liebsten!
12:00 Uhr	SUUUPER! Die Kinder kommen! Das mag ich am liebsten!
13:00 Uhr	SUUUPER! Ab in den Garten! Das mag ich am liebsten!
16:00 Uhr	SUUUPER! Noch mehr Kinder! Das mag ich am liebsten!
17:00 Uhr	SUUUPER! Futter! Das mag ich am liebsten!
18:00 Uhr	SUUUPER! Mein Herrchen! Das mag ich am liebsten!
19:00 Uhr	SUUUPER! Bällchen holen! Das mag ich am liebsten!
21:30 Uhr	SUUUPER! In Frauchens Bett schlafen! Das mag ich am liebsten!

Tag 313 im Paradies

7:00 Uhr	SUUUPER! Gassi gehen! Das mag ich am liebsten!
8:00 Uhr	SUUUPER! Futter! Das mag ich am liebsten!
9:30 Uhr	SUUUPER! Eine Spazierfahrt! Die mag ich am liebsten! ...

59

Auszüge aus Ronjas Tagebuch – ein Border Collie

Tag 404 im Zentrum für Hochbegabte

Hui! Die Zahl 404 ist teilbar durch zwei, vier, 101, 202 und natürlich durch sich selbst. Heute teste ich, ob wir 404 verschiedene Spielzeuge haben und sie gleichmäßig unter den vier Familienmitgliedern aufteilen können. Danach bringe ich meinen Menschen bei, wie man sich merken kann, wem welche Spielzeuge zugeteilt wurden, und sie alle wieder auf einen Haufen zusammenzutragen …

Tag 405 im Zentrum für Hochbegabte

Heute ist Mittwoch und unser Agility-Kurs fand statt.
Frauchen hatte tierischen Spaß dabei ...

Tag 406 im Zentrum für Hochbegabte

Ich habe verzweifelt versucht, auf alle Jogger des
Parks aufzupassen, sprich, sie zu hüten. Warum ich das
bei Autos nicht tun soll, ist mir ein Rätsel. Deshalb
versuche ich es auch immer wieder laut bellend an der
Straße. Frauchen hat dafür leider kein Verständnis und
lässt mich dann nicht von der Leine. Mein Gebaren scheint
ihr manchmal sogar peinlich zu sein.

Tag 407 im Zentrum für Hochbegabte

Wenn ich rückwärts im Slalom durch die Beine von Frauchen gehe und mich direkt danach rolle, nennt sie das Dog-
dancing und freut sich. Ich habe das bei Herrchen
versucht. Mann, oh Mann, war das ein Geschrei. Was kann
ich dafür, dass Frauchen motorisch fitter ist? Außerdem
habe ich in einem medizinischen Fachbuch gelesen, dass
menschliche Kopfverletzungen gut behandelbar sind und nicht
zwingend tödlich enden müssen.

Wuff! – Von Hund zu Hund

Tag 408 im Zentrum für Hochbegabte

Heute war das Fernsehen da! Scheinbar hat es sich herumgesprochen, dass ich 129 Tricks kann. Die ganze Nachbarschaft hat es ja auch schon bemerkt und immer wieder darüber geredet ... Klar ist mir das peinlich! Aber wieso werde ich jetzt öffentlich angeprangert, nur weil Frauchen sich nicht mehr einfallen lässt?

Tag 409 im Zentrum für Hochbegabte

Ich habe angefangen, in der Nachbarschaft für Ordnung zu sorgen. Jack, der Nachbarsrüde, büchst mehrmals die Woche aus. Jedes Mal treibe ich ihn wieder zurück. Ansonsten ist mir ziemlich langweilig, deshalb habe ich beschlossen, mich um seinen Garten zu kümmern: Jeden Tag schütte ich aufs Neue die Löcher unter dem Zaun zu. Er selbst scheint darüber nicht glücklich zu sein – sein Frauchen hingegen sehr.

Tag 410 im Zentrum für Hochbegabte

Meine Neugier, ob ich ein menschliches Puzzle mit 30 Teilen schaffe, wird immer größer. Ich mache mich auf die Suche nach einem ...

Tag 411 im Zentrum für Hochbegabte

Nachdem es kein Puzzle in unserem Haus gibt, habe ich mir selber eines hergestellt. Und da ich mir sicher bin, dass ich dieses Puzzle alleine zusammensetzen kann, wird es Herrchen nicht stören, dass ich dafür seine Lieblings-krawatte verwendet habe.

Tag 412 im Zentrum für Hochbegabte

Die Fische in unserem Gartenteich eignen sich zum Hüten nur bedingt. Zunächst habe ich alle an Land gebracht, um ihnen das Meerschweinchengehege zu zeigen, in das ich sie treiben wollte. Sie haben auf dem Boden schön gezappelt, und ich wollte gerade beginnen, sie mit der Nase vor mir herzuschieben. Aber dann kam wieder einmal Herrchen, der alte Spielverderber, und schrie irgendwas von „Koi-karpfen" und „viel Geld gekostet" …

Tag 413 im Zentrum für Hochbegabte

Frauchen scheint sich von Herrchen trennen zu wollen. Sie hat nur für mich sechs Schafe in den Garten gestellt … obwohl Herrchen bereits am Tag meiner Ankunft mehr-mals rief: „Noch ein Tier und ich lasse mich scheiden!"

Auszüge aus Jacks Tagebuch – ein Terrier

Ich will hier **raus!**

Tag 865 meiner Gefangenschaft

Meine Wärter halten mich nach wie vor in Gefangenschaft. Ich habe beobachtet, wie sie sich den Bauch mit frischem Fleisch vollschlagen, während sie mir nur zerstampfte, gekochte oder trockene

Klumpen von toten Tieren mit kaum definierbarem Gemüse vorsetzen. Die einzige Hoffnung, die mir bleibt, ist eine baldige Flucht. Bis dahin erlange ich Genugtuung, indem ich das eine oder andere Möbelstück zerstöre!

————╫╫╫—╫╫╫—╫╫╫—╫╫╫—╫╫╫—╫╫╫—╫╫╫—╫╫╫—╫╫╫—╫╫╫—╫╫╫—╫╫╫—╫╫╫—|||| |

Tag 866 meiner Gefangenschaft

Heute Morgen schredderte ich mal wieder eine Zimmerpflanze und zernagte ein Tischbein. Und nachmittags hätte ich es beinahe geschafft, einen Wärter durch Schleichen zwischen den Beinen zu Fall zu bringen und dadurch zu töten. Ich muss einen günstigeren Augenblick abpassen – zum Beispiel, wenn er sich auf der Treppe befindet. Damit sie meine Anwesenheit als unerträglich empfinden, wälzte ich mich in Schafsausscheidungen und totem Fisch. Nachdem ich wieder zurück in meinem Gefängnis war, rieb ich mich an der Couch ab. Das nächste Mal ist auf alle Fälle das Bett dran!

||||-HH-HH-HH-HH-HH-HH-HH-HH

Tag 867 meiner Gefangenschaft

Mein Plan, ihnen – durch den von mir hal-
bierten Körper eines Maulwurfs – Angst vor
meinen mörderischen Fähigkeiten einzu-
flößen, ist auch gescheitert. Sie haben mich
nur verständnislos angeschaut und diskutiert,
ob es nun für eine Strafe zu spät sei.

||||-HH-HH-HH-HH-HH-HH-HH-HH

Tag 868 meiner Gefangenschaft

Die anderen Gefangenen, ein elfjähriger
Labrador und ein zehnjähriger Mops, sind
Weicheier und wahrscheinlich Informanten.
Beide werden oft freigelassen, kommen aber
immer wieder freudestrahlend zurück. Ihnen
hat man offensichtlich den Verstand geraubt.
Ich trage es ihnen nicht nach, dass sie mich
täglich ignorieren, und werde sie trotzdem
mitnehmen, wenn mein Fluchttunnel unter
dem Gartenzaun fertig ist …

‖‖‖—‖‖‖—‖‖‖—‖‖‖—‖‖‖—‖‖‖—‖‖‖—‖‖‖‖ ‖‖‖‖

Tag 869 meiner Gefangenschaft

Heute abend belauschte ich einen schlimmen
Plan. Meine Wärter wollen zu drastischen – für
mich zum ersten Mal beängstigenden – Folter-
methoden greifen. Ich vernahm das Wort Kastration. Ob es damit zusammenhängt, dass ich
seit Tag 150 meiner Gefangenschaft täglich die
Schrankwand und den Hausflur markiere? Oder
mit den kleinen täglichen Raufereien, die ich
mit dem unangenehmen Macho aus der Nachbarschaft habe? Es bleibt mir ein Rätsel!

‖‖‖—‖‖‖—‖‖‖—‖‖‖—‖‖‖—‖‖‖—‖‖‖—‖‖‖‖

Tag 870 meiner Gefangenschaft

Heute bin ich zum ersten Mal ausgebrochen!
Das Loch unterm Zaun ist inzwischen so groß,
dass ein Rottweiler mit durchpassen würde.
Nachdem ich sechs Stunden meine Freiheit
genießen durfte, haben mich die Komplizen
meiner Wärter wieder eingefangen. Ich hätte

Nicht zwei Stunden jaulend vor dem Haus der Nachbarshündin Fina sitzen sollen! Uns wird noch das gleiche Schicksal ereilen wie einst Romeo und Julia.

||||-|||-|||-|||-|||-|||-|||-|||-|||-|||

Tag 871 meiner Gefangenschaft

Meine Wärter leben in einer Welt mit merk-würdigen Werten und Normen. Nicht einmal für die Hasenjagd kann man sie begeistern.

||||-|||-|||-|||-|||-|||-|||-|||-|||-|||

Tag 872 meiner Gefangenschaft

Das perfide Spiel meiner Wärter geht weiter. Sie haben die Border-Collie-Hündin aus der Nachbarzelle gegen mich aufgehetzt. Nicht nur, dass sie mir so lange hinten in die Beine beißt, bis ich wieder zurück ins Gefängnis renne, nein, sie schüttet meinen Fluchtgang jeden Tag aufs Neue zu. Lieber Gott, wie lange wird dieses Martyrium noch andauern?

Kommunikationsprobleme?!

Kommunikationsprobleme?!

Eigentlich könnte man davon ausgehen, dass sich wenigstens die Hunde untereinander verstehen. Im Großen und Ganzen ist das auch tatsächlich so. Vereinzelt gibt es aber selbst bei Hunden Verständigungsprobleme, die auf optischen und entwicklungsbedingten Unterschieden der Rassen basieren. In diesem Kapitel werde ich sehr „rassistisch" sein. Mir ist natürlich klar, dass Ihr Labrador, Ihr Briard, Ihr Bearded Collie oder Ihr Hovawart gaaanz anders ist. Zweifellos gehe auch ich davon aus, dass nicht alle Hunde einer Rasse gleich sind. Ich möchte lediglich auf mögliche „Kommunikations-Missverständnisse" aufmerksam machen: Wodurch verstehen sich Hunde besser oder schlechter?

Gehen wir zunächst einmal auf das Erscheinungsbild einzelner Hunde ein. Als Beispiel sollen Briard und Bearded Collie dienen. Beiden wachsen Haare über die Augen. Schon deshalb, weil die Hunde durch diese „Gardine" schlichtweg schlechter sehen, würde ich ihnen einen anständigen Kurzhaarschnitt verpassen.

 „Könnte dir auch nicht schaden!"

Na gut, man könnte sich auf ein Haarband einigen. Aber unter dem Aspekt der Kommunikation können Haare vor den Augen tatsächlich zu Missverständnissen führen. Achten Sie mal auf die Augenform Ihres Hundes, wenn er ganz entspannt neben Ihnen auf der Couch liegt (bleibt ja unter uns!) und Sie ihn streicheln. Schon nach ein paar Momenten werden Sie feststellen, dass Ihr Hund eine mandelähnliche Augenform zu bekommen scheint und Sie anblinzelt. Diese Form und das Blinzeln sind Ausdruck einer großen Entspannung. Der Hund genießt jetzt nicht nur, sondern kommuniziert Ihnen absolute Friedfertigkeit.

Diesen Blick werfen Hunde bei einer Deeskalation auch anderen Hunden zu. Ihr gerade „so entspannter" Hund kann aber morgen im Park, wenn er auf seinen „Lieblingsfeind" trifft, kreisrunde Augen mit weit geöffneten Pupillen zeigen. Das wiederum ist entweder ein Ausdruck von großer Unsicherheit oder hoher Angriffsbereitschaft.

Nun zurück zu Briard und Bearded Collie. Wie soll im Park der andere Hund unterscheiden können, ob der ihn mit weit aufgerissenen Augen „anglotzt" oder blinzelnd an ihm vorbeischaut?

 „Das ist mir total wurscht. Ich schau einfach, ob der steif und staksig geht oder freundlich mit dem Po wackelt."

Natürlich spielt die restliche Körperhaltung auch eine ganz wichtige Rolle. Die Information, die die Augen der Hunde mit „Gardine" kommunizieren, bleibt jedoch meist verborgen und kann zu Problemen mit anderen Hunden führen. Wie gesagt: Muss nicht, kann aber …

Wuff! – Von Hund zu Hund

Es gibt Hunderassen, die eine gekrümmte Wirbelsäule besitzen. Viele Windhunde haben diese Krümmung sehr stark ausgeprägt, beispielsweise der Whippet. Wenn ein Whippet im Park entspannt an einem Grashalm schnüffelt, hat er dabei einen sehr runden Rücken und in aller Regel die Rute ganz dicht am Körper. Für einen Whippet ist diese Haltung völlig normal und hat keine tiefere Bedeutung.

In der artspezifischen Kommunikation drückt diese Körperhaltung allerdings Unsicherheit aus. Kommt jetzt eine Gruppe von drei anderen Hunden vorbei, kann das zu einem Problem werden. Meistens sind sich junge, halbstarke Hunde im Alter zwischen zehn und 24 Monaten gleich einig: „Guck mal den Schisser an, wie der dasteht!" Und schon beginnen eine Hetzjagd und eine Mobbingsequenz auf den unsicher wirkenden Windhund.

> „Na ja, bis die drei das zu Ende gedacht haben, ist der Windhund längst über alle Berge – so schnell, wie der ist."

In solchen Situationen kommt es normalerweise nicht zu ernsten körperlichen Auseinandersetzungen. Aber wie würden Sie sich fühlen, wenn Sie zweimal wöchentlich im Park von einer Horde Menschen mit Knüppeln gejagt werden? Und dann bekommen Sie auch noch zu hören, dass Sie sich nicht so anstellen sollen? Schließlich hätten Sie es doch jedes Mal zum Auto geschafft und sind nie verletzt worden. Diese Erlebnisse

können bei manchen Windhunden natürlich zu einem unsicheren Verhalten gegenüber anderen Hunden führen. Noch einmal verdeutlichen möchte ich diese Kommunikationsprobleme anhand eines Beispiels, das Sie beim Gassigehen täglich bei vielen Hunden erleben.

Auf der einen Seite des Parks geht ein Hovawart. Der Hovawart wurde ehemals als klassischer Hofhund gezüchtet und wird sehr reif und erwachsen. Zudem besitzt er ein außerordentlich ausgeprägtes territoriales Bewusstsein. Das „Problemchen" besteht vor allem darin, dass viele Hovawarts eine Art mobiles Territorium haben. Mit anderen Worten: War er zweimal beim Nachbarn zu Besuch, verteidigt er auch dessen Wohnzimmer. Und hatte er zweimal den gleichen Grashalm unter den Pfoten, rückfolgert er, dass der ganze Park sein Territorium ist.

Auf der anderen Seite – circa 200 Meter entfernt – kommt das genaue Gegenteil eines erwachsenen, hochkomplexen Hovawarts. Ein infantiler Hund, der auch mit 15 Jahren noch nicht erwachsen zu sein scheint. Sagen wir mal … ein Labrador: Der Hund, der die Ente aus dem Wasser holen soll. Und sobald er bemerkt: „Huch, die lebt ja noch!", sie unmittelbar in die nächstgelegene Tierklinik bringen will. Der Hund, der auch im Alter von 13 Jahren noch hocherfreut versucht, dem Tennisball hinterherzuflitzen. Der Hund, für den das Erdbeben erst dann ein ernst zu nehmendes Ereignis darstellt, wenn sein Futtersack in eine Erdspalte zu rutschen droht.

Wuff! – Von Hund zu Hund

„Liebe Menschen, versprochen, er hat gegen beide Hunderassen nicht das Geringste. Immerhin besitzen seine langjährigen Mitarbeiter genau diese beiden Rassen. Ihm macht es einfach nur Spaß zu übertreiben …"

In dem Moment, in welchem der Hovawart den Labrador erblickt, macht er sich sofort steif, duckt sich ab und beginnt ein paar Schritte zu schleichen, um dann – den Labrador fixierend – stehen zu bleiben. Dies ist eine klare Aufforderung an den Labrador zu verschwinden. Aber woher kennen wir sonst noch ein solches Verhalten bei Hunden? Richtig, von der Jagd. Jetzt sieht der Labrador den Schleichgang und denkt kurz nach: „Hm, das kommt mir bekannt vor. Aber woher? … Na KLAR!!! Vom Jagdspiel! Der will mit mir spielen!" Der „Labi" geht also auch einige schleichende Schritte, duckt den Vorderkörper leicht ab und bleibt stehen. Dies in froher Erwartung, dass der Hovawart gleich das „Jagdspiel" eröffnen wird.

Der hingegen bewertet die Tatsache, dass der Labrador nun auch so dasteht als nicht zu unterschätzendes Problem: „Aha, der scheint nicht freiwillig zu gehen." Also verleiht er seiner Drohung etwas mehr Nachdruck und geht steifbeinig mit hocherhobener Rute einige Schritte in Richtung Labrador, um dann wieder in den drohenden Schleichgang überzugehen. Der „Labi" wird schon ganz ungeduldig und freut sich: „Hui, gleich geht's los, da mach ich mit!" Er rennt ein paar Schritte auf den Hovawart zu und nimmt auch wieder den Schleichgang ein.

Aus diesem Verhalten schließt der Hovawart jedoch, dass der
Labrador ernsthaft Ansprüche auf dieses Revier erhebt – er

stellt sich auf einen Konflikt ein. Da Hunde aber in erster Linie ernsthafte Streitereien vermeiden wollen, bleibt er zunächst stocksteif stehen. Er „hofft", sein Fixieren führt dazu, dass der andere wieder geht. Beide Hunde verharren nun in dieser Position etwa zehn Sekunden. Dreimal dürfen Sie raten, wer zu guter Letzt lossaust. Richtig! Der Labrador, er kann es einfach nicht mehr erwarten ...

Und so nimmt alles seinen Lauf: Mit Bocksprüngen rast der „Labi" auf den „Hovi" zu. Dieser ist aufs Schlimmste gefasst und bleibt so lange steif, bis der Labrador ungefähr fünf Schritte vor ihm angekommen ist. Dann plötzlich schießt der Hovawart los und bügelt den anderen mit der Brust voraus nieder. „Oh weh", geht's durch den Labradorkopf, „der wollte gar nicht spielen!" Der „Labi" – nicht dumm – wirft sich sofort auf den Rücken, klemmt die Rute ein, pfötelt und wendet den Blick ab. Aus seiner Sicht tut er nun wirklich alles erdenklich Mögliche, um den Hovawart milde zu stimmen.

Jetzt kommt aber das eigentlich Gemeine: Bei territorialen Streitigkeiten geht es in aller Regel nicht darum, wer sich unterwirft. Es geht stumpf gesagt nur darum, wer geht und wer bleibt.

Stellen Sie sich vor, Sie haben eines Abends drei fremde Personen in Ihrem Garten sitzen, die ganz friedlich grillen und zusammen Bier trinken. Selbst wenn sie noch so freundlich sind und Sie nach anfänglicher Irritation ein Bier mittrinken, so werden Sie doch dafür sorgen, dass diese Menschen Ihr Revier wieder verlassen. Auch wenn sie Ihnen versprechen, immer den Rasen zu mähen und sich wie das Hauspersonal zu benehmen.

Der Hovawart kann das Verhalten des „Labis" nicht einordnen und setzt weiterhin alles daran, ihn zu vertreiben. Als der Labrador dies bemerkt, flüchtet er sehr schnell.

Die Hundehalter interpretieren diesen Konflikt übrigens auf ihre eigene Weise:

Labihalter

„Ihr Hund ist doch total gestört! Meiner hat sich längst unterworfen, und Ihrer greift noch weiter an."

Hovihalter

„Ihr Hund ist doch total gestört! Meiner hat doch so intensiv gedroht, und Ihrer ist trotzdem angerannt gekommen."

Natürlich haben beide unrecht: Keiner der beiden Hunde ist in irgendeiner Weise gestört. Sie haben nur unterschiedliche Verhaltensweisen, die ihre Ursache in der Rassenentwicklung haben.

„Aber warum lassen denn die Menschen das am nächsten Morgen wieder zu? Und sind dann jedes Mal wieder überrascht?"

Wuff! – Von Hund zu Hund

Geheimsprache

 HF sagt

 HF meint

Er mag Katzen! *(freundlich lächelnd)*	Er ist wirklich nett und spielt mit Katzen.
Er mag Katzen! *(grinsend)*	... und zwar zum Fressen gern!
Er liebt Hündinnen!	Er ist unverträglich mit Rüden!
So einen intelligenten Hund hatten wir noch nie!	Wir sind selber überrascht, wie schnell er lernt und was er uns täglich beibringt.
Aus dem Nichts hat der andere meinen gebissen!	Meiner hat sich doch nur stocksteif über den anderen gestellt und den Kopf aufgelegt. Schuld ist mein Engel auf keinen Fall!
Aus dem Nichts hat der andere meinen gebissen!	Beide Hunde sind sich zwar täglich im Park begegnet, aber das bisschen Anknurren! Schuld ist mein Engel auf keinen Fall!

Kommunikationsprobleme?!

Aus dem Nichts hat der andere meinen gebissen!

Meiner hat doch lediglich drei Minuten auf ihm rumgerammelt. Das ist noch lange keine Rechtfertigung, gleich zu beißen. Schuld ist mein Engel auf keinen Fall!

Der versteht jedes Wort!

Ich weiß, es klingt absurd, weil er ja nichts von dem tut, was ich ihm sage. Aber wenn ich mit ihm alleine bin, verrät mir das sein Gesichtsausdruck.

 HF sagt

 HF mit Mischling antwortet

Das ist aber ein süßer Mischling!
(HF ohne Hund)

Stimmt, er ist wirklich irre süß. Nur für Sie mal so zur Info: Das ist ein Paluginesenterrier, eine südosttibetische Wasser-Hüte-Jagd-Gesellschaftshunderasse, die heutzutage als Therapiehund, Rettungshund, Blindenhund und mitunter als Lehrer in Grundschulen eingesetzt wird ...

Wuff! – Von Hund zu Hund

Das ist aber ein süßer Mischling! *(HF mit Hund)*	*Mischlingshalter verstummt und denkt: „Deine Straßentöle ist ein Mischling, meiner aber ein Paluginesenterrier, du Idiot!", und geht wortlos weiter.*
Das ist aber ein süßer Mischling! *(HF und Hundetrainer von Beruf)*	DAS IST EIN PALUGINESEN-TERRIER!!! *Mischlingshalter verstummt und denkt: „So ein inkompetenter Amateur. Ich gehe! Der kennt ja nicht einmal einen Paluginesenterrier. Wie soll er dann wissen, wie man einem Hund Sitz beibringt?!!"*

Der Hund: von Kopf bis Pfote

Der Hund: von Kopf bis Pfote

Pfote

Hunde sind Zehengänger, das heißt, sie berühren beim Gehen nur mit den Zehen den Boden.

„In erster Linie sind Pfoten Eins-a-Manipulationsgeräte. Kratzen an Frauchens Bein führt zu sofortiger Fütterung, zu Dauerstreicheln oder zur Öffnung der Gartentür."

Nase

Hunde kann man durchaus zu den Makrosmatikern (Nasentieren) zählen. Sie besitzen etwa hundert bis 250 Millionen Riechzellen. Menschen hingegen sind mit circa zehn bis 30 Millionen Riechzellen ausgestattet.

„Die Nase ist vor allem ein Ortungsgerät für mikroskopisch kleine Brotkrümel unter dem Küchentisch. Ab und an benutzen Rüden sie auch, um zu erkennen, WIE attraktiv die Nachbarhündin wirklich gerade ist. Es soll Hunde geben, die damit sogar eine Fährte aufnehmen und sich zur Jagd aufmachen. Ich persönlich halte das für töricht und viel zu anstrengend. Da die Nase sich prima dazu eignet, so lange Frauchens Unterarm anzustupsen, bis sie den Napf füllt, bevorzuge ich diese Variante …"

Rute

Hunde können mit der Rute Stimmungen wie Unsicherheit, Angst, Aggression, Freude etc. ausdrücken. Die Rute dient aber auch als „Steuerungshilfe" bei Bewegungen.

„Und mit nur einer Rute und zwei gezielten, freudig erregten Wedlern ist jeder durchschnittliche Hund durchaus in der Lage, vier Flaschen Wein und acht Gläser vom Wohnzimmertisch zu fegen. Ich finde, das sollte einen Applaus wert sein und nicht zu dem hysterischen Geschrei führen, das man nach der Demonstration dieser ‚Wedel-Wisch-Technik' erntet …"

Gehör

Hunde haben ein extrem ausgeprägtes Hörvermögen. Für sie ist es ein Leichtes, das Rascheln einer Maus im Laub wahrzunehmen.

„Das Gehör ist wirklich eine tolle ‚Erfindung'. So höre ich aus jeder noch so entfernten Ecke des Hauses SOFORT das Knarren der Kühlschranktür. In meinem Alter kann man Menschen sogar Glauben machen, dass das Gehör nur ab und zu funktioniert. Martin denkt tatsächlich, ich sei auf dem Weg, taub zu werden. Und das nur, weil ich ihn manchmal nicht höre, wenn ich im Komposthaufen wühle … Ich nenne das selektive Taubheit."

Wuff! – Von Hund zu Hund

Gebiss

Besteht im Idealfall aus 42 Zähnen. Bei manchen Hunden fehlen aber einige.

„Na und? Wer braucht die schon alle? Ich schlucke jedenfalls die meisten Dinge einfach runter, OHNE sie vorher zu kauen …"

Hintere Backenzähne (Dentes molares)

Zehn Stück. Sie sind stumpf und werden auch als „Mahlzähne" bezeichnet. Da sich der Unterkiefer von Raubtieren – angeblich soll der Hund ja eines sein, wenn auch ein domestiziertes – nur senkrecht bewegen lässt, ist die mahlende Funktion nicht wirklich gut ausgereift.

„Och, ich finde, dass ich damit die alten Weihnachtsplätzchen, die Oma 1996 gebacken hat, im Frühjahr 2009 prima zermahlen habe. Die Folie drumherum war zugegebenermaßen etwas hartnäckiger. Aber die hat sich auch ungemahlen gut runterschlucken lassen."

Vordere Backenzähne

16 Stück. Sie haben scharfe Ränder und funktionieren ähnlich wie eine Schere. Hunde beißen mit den Seitenkanten einzelne Fleischstücke aus ihrer Beute und schlucken die großen Brocken dann herunter.

„Tja, wenn ich doch diese angeblich sooo scharfen Prämolaren habe, wieso bekomme ich dann sooo selten ein großes frisches Stück Pansen? Es kann doch jetzt nicht ernsthaft an diesem kleinen Fauxpas liegen, den ich als junge Dame begangen habe ... Nur weil ich es mir mit einem frischen Stück Pansen auf Frauchens Bett gemütlich gemacht habe?!"

Fangzähne (Dentes canini)

Vier Stück. Dienen zum Packen und Festhalten der Beute.

„Beute? Welche Beute? Wieso festhalten? Mein Napf steht doch immer an der gleichen Stelle, und wieso sollte ich den packen und festhalten? Oder geht es jetzt schooon wieder um das leidige Thema Jogger?"

Schneidezähne (Dentes incisivi)

Zwölf Stück. Sind vor allem für die „Feinarbeiten" zuständig – wie Flöhe totbeißen, Splitter herausziehen und die Körperpflege. Elterntiere putzen und pflegen auf diese Weise auch ihre Welpen. Was wiederum den sozial höheren Status der Elterntiere dokumentiert. Denn bei den Hunden putzen Rangniedrige in aller Regel nicht die Ranghöheren.

„Die sind aber vor allem dazu da, zärtlich an Frauchens Haut zu knabbern. Anscheinend kitzelt und animiert es sie, mich lange zu kraulen."

Zunge

Hunde besitzen Geschmacksknospen. Insgesamt verfügt der Haushund über ungefähr 2000 Geschmacksknospen – der Mensch über etwa 9000.

„Wen interessiert denn das, bitte schön? Liebe Hunde, für uns ist die Zunge nicht unter dem Aspekt Geschmack von Bedeutung! Vergesst dieses Thema. Wichtig ist, dass wir die Zunge richtig und intensiv genug einsetzen, um unsere Sympathie zu bekunden. Ihr werdet euch wundern, welch große Resonanz ihr bekommt, wenn ihr nur lang genug an Frauchens Händen, Herrchens Füßen und im Gesicht der Kinder schleckt.

Kurzer Tipp: Wartet mit dem Schlecken im Gesicht unbedingt, bis eure Menschen sitzen oder liegen. Wenn du sie anspringst, um sie im Stehen abschlecken zu können, fallen sie nämlich meistens hin!

... der gesamte Kopf sollte übrigens auch nicht vergessen werden!!!

Kopf

Ein Manipulationsgerät. Auflegen desselben auf Frauchens Schoß führt zu einer intensiven Massage der Ohrmuscheln und des gesamten Kopfes. Auflegen desselben auf das Bett oder die Couch führt zu dem Wort ‚Hopp'. Letzteres bedeutet nichts anderes als: ‚Komm endlich zu mir, ich halte es auch kaum noch aus ohne dich.'"

Geheimsprache

 Hund macht   **Hund meint**

Hund macht	Hund meint
Legt Kopf auf den Schoß seines Menschen.	Streichle mich!
Stupst seinen Menschen an.	Ich hatte dir doch schon beigebracht, dass du mich gefälligst streicheln sollst, sobald ich meinen Kopf auf deinen Schoß lege.
Kratzt mit Pfote am Schienbein seines Menschen.	Du hast jetzt noch genau vier Sekunden, um mich endlich zu streicheln. Ansonsten klettere ich ganz auf dich drauf.
Legt den Kopf auf die Couch, auf der seine Menschen gerade sitzen.	Okay, ich mache jetzt keine große Sache daraus, dass ihr euch auf MEINER Couch befindet – aber jetzt wird es Zeit, „Hopp" zu sagen.
Kratzt an der Tür.	Herr Pförtner, bitte öffnen Sie die Tür.

Wuff! – Von Hund zu Hund

Legt den Kopf auf das Bett, in dem sein Mensch schläft, und atmet diesen ruhig, aber gezielt an.

Entweder lässt du mich innerhalb der nächsten zehn Sekunden freiwillig unter deine Decke oder ich springe einfach obendrauf.

Leckt seinem noch schlafenden Menschen hektisch durchs Gesicht.

Bin gespannt, ob du dich heute früh genauso freust, mich zu sehen, wie gestern.

Springt Besucher an, der das Haus betritt.

Benimm dich in meinem Haus gefälligst nach meinen Spielregeln.

Präsentiert Besuchern seine Lieblingsspielzeuge.

Mein Haus, mein Auto, mein Boot … Mir gehört hier alles!

Quetscht sich zwischen zwei Menschen aus der Familie, die sich gerade drücken.

Das ist doch nicht euer Ernst, dass ich hier nicht im Mittelpunkt stehe?!

Schaut abwechselnd in den Futternapf und seinen Menschen an.

Herr Ober …!

Zieht konstant an der Leine.

Nun komm schon. Ich zeige dir, wo die wirklich tollen Dinge sind.

Lässt sich mit einem lang gezogenen Seufzer auf seiner Decke nieder.	Pöh, ihr werdet schon noch sehen, was ihr davon habt – mich einfach so zu ignorieren!
Wälzt sich in Aas.	Hallo liebe Hundewelt. Wer hat denn nun das tollste Parfum?
Kratzt an der Kühlschranktür und schaut seinen Menschen dabei an.	Vier Wiener Würstchen und 250 Gramm Magerquark, BITTE!
Reibt den „Bart" über den Wohnzimmerteppich, nachdem der Futternapf geleert wurde.	Mahlzeit! So, jetzt noch ein Schweineohr zum Dessert und dann das wohlverdiente Nickerchen …
Trödelt beim Spaziergang.	Ruf mich!
Trödelt beim Spaziergang, NACHDEM er gerufen wurde.	Zeig mir erst, ob du ein Leckerchen hast. Vielleicht komme ich dann.
Liegt fast den ganzen Tag auf der Küchentürschwelle, sodass alle Menschen über ihn steigen müssen.	Ohne mich geht hier nichts! Also postiere ich mich vorsorglich so, dass ich für alle immer gut zu sehen bin.

Wuff! – Von Hund zu Hund

Verfolgt seine Menschen in der Wohnung auf Schritt und Tritt.

Ich will nichts verpassen …

Winselt im Auto auf dem Weg zur Hundeschule.

Los, nun gib schon Gas! Nicht, dass einer von den anderen vor mir da ist.

Winselt im Auto auf dem Weg zum Tierarzt.

Nein, nein, nein! Das ist sicher der falsche Weg …

Legt sich – obwohl angeleint – platt auf den Boden und ist keinen Millimeter mehr zu bewegen, als er einen Hund sieht.

Schön langsam, Leute. Erst schau ich mir in aller Ruhe meine Artgenossen an.

Legt sich unter den Tisch und stellt sich schlafend, während die Familie zu Mittag isst. Ein Auge bleibt aber immer auf.

Warum sollte ich als Hund nicht auch mal Ansitzjäger sein?!

So lernt Ihr Hund garantiert laut bellen

So lernt Ihr Hund garantiert …

So lernt Ihr Hund garantiert laut bellen

Laul Pressemeldungen geht man davon aus, dass jedes Jahr mehrere Hundert Postboten gebissen werden und dadurch mehrere Tausend Krankheitstage entstehen. Keine andere Berufsgruppe wird so oft von Hunden attackiert. Manchmal liegt es natürlich auch daran, dass vielen Zustellern der „persönliche Draht" zu Hunden fehlt. Die Post täte gut daran, diese Berufsgruppe in Grundkenntnissen des Hundeverhaltens zu schulen. Aber warum sind eigentlich so viele Hunde auf den „Zeitungsjungen" und den Postboten nicht gut zu sprechen?

Zunächst einmal ist es für Hunde durchaus üblich, ein territoriales „Bewusstsein" zu haben. Sprich, es ist für Hunde normal, dass Eindringlinge genauer unter die Lupe genommen werden. Bei den meisten Hunden passiert dies auf eine freundliche, allerdings auch sehr aufdringliche Art.

„Das ist mal wieder eine typisch menschliche Sichtweise … tststs … Was soll denn daran aufdringlich sein, wenn man mal eben die Nase in alle Taschen des Besuchers schiebt? Hey, man wird doch noch nachsehen dürfen, ob er mir was mitgebracht hat. Und die Phase, in der ich die Menschen so schnell wie möglich bis zur Nasenspitze angesprungen habe, ist irgendwann doch von gaaanz alleine vorübergegangen. Ich tue das schon seit meinem zwölften Lebensjahr nicht mehr. Also wozu die ganze Aufregung?"

Bei einigen Hunden entwickelt sich aus einem territorialen Bewusstsein jedoch eine territoriale Aggression. Dass der Postbote hiervon so häufig betroffen ist, hat in aller Regel folgenden Grund: Erwachsene Hunde bemerken meistens viel früher als Menschen, wenn sich ein Fremder dem Grundstück nähert. Sie beginnen nun mit einem kurzen Wuffen, um alle Familienmitglieder auf die potenzielle Gefahr aufmerksam zu machen. Da wir Menschen aber im Normalfall nicht überprüfen, ob sich eine Gefahr bzw. ein Eindringling nähert, übernimmt der Hund für uns diese Aufgabe. Er legt sich ins Zeug, um den Eindringling zu vertreiben. Deshalb wird innerhalb weniger Minuten aus dem kurzen Wuffen ein intensives, aggressives Bellen.

So weit, so gut. Das Problem daran ist nur, dass der Hund aus seiner Sicht mit der aggressiven Handlung erfolgreich war. Denn was passiert? Der Postbote ist wieder gegangen. Der Hund lernt also, dass es durchaus Sinn macht, sich aggressiv und lautstark zu äußern.

 „Und diese unbelehrbaren Postboten kommen immer wieder. Das meistens auch noch zu festen Zeiten – diese Nervensägen …"

Genau das ist es, was dann tatsächlich die Aggressivität des Hundes steigert. Denn der Hund geht davon aus, dass der Postbote die Flucht ergriffen und das Revier verlassen hat. Allerdings besitzt er die Unverfrorenheit, jedes Mal wiederzukehren. Zu der territorialen Aggression kommt jetzt auch noch eine Frustrationsaggression hinzu. Getreu dem Motto: „Sag mal, hatte ich dir nicht schon gestern ordentlich Bescheid gegeben, dass du hier nichts zu suchen hast?"

Die aggressive Erregung des Hundes baut sich nun schon am Morgen auf und steigert sich von Tag zu Tag. Noch bevor der Hund den Postboten überhaupt bemerkt hat, ist er schon wachsam, da er auf den Eindringling wartet. Zu guter Letzt schlägt die aggressive Stimmung des Hundes gegenüber dem Mann in Gelb dann um: „Okay, wer nicht hören will, muss fühlen!"

„Wie würdet ihr denn reagieren, wenn ihr nach einem langen Morgenspaziergang und dem kleinen – manchmal auch großen – Snack gerade ein wohlverdientes Nickerchen macht und dabei JEDEN Morgen geweckt werdet? Und zwar von jemandem, der sich aufs Grundstück schleicht und ganz laut an der Haustür herumklappert. Ich persönlich glaube ja, dass die Post viel Geld sparen könnte, wenn sie in Leckereien für Hunde investieren würde. Sprich, wenn der Postbote sich nicht wie ein Eindringling, sondern wie der morgendliche ‚Leckerbissenlieferant‘ verhalten würde."

Grundsätzlich bin ich der gleichen Meinung, muss aber aus Erfahrung sagen, dass dies leider nicht bei allen Hunden funktioniert …

Übrigens soll nicht verschwiegen werden, wie Hunde schließlich zu übertrieben wachsamen Kläffern werden: Sie sammeln die Erfahrung, dass wir Menschen auf deren warnendes Wuffen nicht reagieren, also taub sind. Dass wir das nicht sind, lernen die Hunde spätestens dann, wenn sie exzessiv bellen und wir sie daraufhin anschnauzen. An dieser Stelle rattert es meistens im Hundekopf: „Ah, sieh an, er ist ja gar nicht taub, sondern nur schwerhörig. Immerhin reagiert er jetzt endlich einmal …"

So lernt Ihr Hund garantiert ...

Geheimsprache

 HF sagt

 HF meint

Hunde, die bellen, beißen nicht!	Während sie bellen, beißen sie nicht, weil das gar nicht möglich ist. Aber es war NIE die Rede davon, dass es nicht eine Zehntelsekunde danach passiert.
Der will nur spielen!	Allerdings sind seine Lieblingsspiele: Menschen anspringen; Jogger, Radfahrer und Inliner jagen.
Der tut nix!	Jedenfalls so gut wie nichts von dem, was ich gerne hätte, und vor allem dann nicht, wenn ich es sage.
Der knurrt nur, der hat noch NIE gebissen!	Jedenfalls musste noch nie jemand genäht werden!
Ja gut, der zwickt schon mal! *(folgt nur nach „Der tut nix!" oder „Der hat noch NIE gebissen!")*	Ein Aufeinanderschlagen der Zähne, blaue Flecken, Kratzer oder ein kleines Loch sind doch nicht so schlimm!

Sie dürfen halt keine Angst zeigen!

Was kann mein Hund dafür, dass Sie so eine Memme sind?!

Das hat er ja noch nie gemacht!

Na ja, jedenfalls HEUTE noch nicht. Und ich hatte gehofft, dass es so schnell nicht wieder passiert. Irgendwie tut es mir ja auch leid ...

Leitlinien für den Hund

Begleite Besucher immer ins Badezimmer! Besondere Aktionen brauchst du hier nicht zu starten – es reicht völlig aus, wenn du nur dasitzt und sie anstarrst.

Erlaube im Haus keine geschlossenen Türen! Sollte ein Zimmer für dich nicht zugänglich sein, stelle dich auf die Hinterbeine und hämmere mit deinen Vorderpfoten gegen die Tür. Solltest du dazu körperlich nicht in der Lage sein, reicht es auch, viele kleine Löcher in die Tür zu kratzen oder zu beißen.

Setze dich ganz nah hinter den linken Fuß des Koches, wenn du die Zubereitung der Mahlzeit überwachst! Da er dich nicht sehen kann, tritt er mit hundertprozentiger Wahrscheinlichkeit auf dich. Daraufhin wird er dich umgehend auf den Arm nehmen und mit mehreren Happen trösten.

So lernt Ihr Hund garantiert ...

Wird eine Tür für dich geöffnet, ist es nicht notwendig, sie zu schließen! Hast du dir zum Beispiel die Haustür öffnen lassen, dann stelle dich am besten zwischen diese und den Türrahmen. Nun kannst du über alle Probleme dieser Welt nachdenken.

Beachte: Diese Maßnahme bietet sich vor allem bei sehr kaltem oder heißem Wetter an – wie bei Regen, Schnee oder während der Mücken-Hochsaison!

Wenn du von draußen reinkommst, suche dir als Erstes eine passende Stelle zum Pinkeln!

Lasse dich niemals abtrocknen, nachdem du gebadet worden bist! Laufe stattdessen zum Bett deiner Menschen, spring dort hinein und trockne dich an ihren Bezügen ab.

Beachte: Das sorgt für besonders großen Aufruhr, wenn deine Menschen gerade schlafen gehen wollen!

Spiele „den Ertappten"! Sobald deine Menschen nach Hause kommen, lege sofort deine Ohren an, klemme den Schwanz zwischen die Beine, nimm das Kinn runter und setze eine ganz besonders schuldbewusste Miene auf. Jetzt kannst du dich darüber amüsieren, wie deine Menschen das ganze Haus nach deiner angeblichen Missetat absuchen.

Beachte: Wirkt natürlich nur, wenn du absolut nichts angerichtet hast!

Wenn du merkst, dass du dich übergeben musst, springe so schnell wie möglich auf den Sessel oder das Sofa! Solltest du das nicht mehr schaffen, dann stelle dich auf den neuen Teppich – wenn es den nicht gibt, dann tut es auch der alte.

Begegnest du während des Spaziergangs einem fremden Menschen, beginne auf der Stelle zu husten und ganz schrecklich zu würgen!

Lasse dir von deinen Menschen ein neues Kunststück beibringen und wiederhole es perfekt. Wollen deine Menschen anderen demonstrieren, welch klugen Hund sie haben, schaue sie mit völlig leeren Augen an. Tue so, als ob du überhaupt nicht begreifst, was sie von dir wollen!

Erziehe deine Menschen zur Geduld! Schnüffle beim Gassigehen an jedem Stein – überlege hin und her, ob er sich als Pinkelstelle eignet. Gib deinem Menschen das Gefühl, dass von der Wahl deiner Pinkelstelle das Schicksal der Welt abhängt.

Rücke deine Menschen ins Licht der Öffentlichkeit! Wähle immer einen Platz für dein großes Geschäft aus, an dem sich möglichst viele Leute befinden. Lasse dir viel Zeit und stelle sicher, dass es auch jeder mitkriegt. **Beachte:** Ist besonders wirkungsvoll, wenn dein Mensch weder eine Plastiktüte noch Taschentücher dabei hat!

So lernt Ihr Hund garantiert …

Stelle deine eigenen Regeln auf! Spielt dein Mensch beispielsweise mit dir Apportieren, dann bringe den Ball nicht jedes Mal zurück. Es ist ziemlich lustig mitanzusehen, wenn dein Mensch durch das Dickicht kriecht, nur um an den Ball zu kommen.

Verstecke dich vor deinen Menschen! Begrüße sie nicht an der Tür, wenn sie nach Hause kommen. Halte dich stattdessen ganz ruhig – sie werden sofort glauben, dass dir etwas Schreckliches zugestoßen ist.
Beachte: Rühre dich so lange nicht, bis einer von ihnen kurz vor dem Nervenzusammenbruch steht!

Raube deinem Menschen den Schlaf! 30 Minuten, bevor morgens der Wecker deines Menschen klingelt, solltest du ihn aufgeregt wecken. Er wird schnellstens mit dir rausgehen, um dich pinkeln zu lassen. Wenn du wieder im Haus bist, schlafe sofort ein.
Merke: Menschen können für gewöhnlich nicht wieder einschlafen, wenn sie morgens draußen waren! Das wird sie zum Wahnsinn treiben!

So lernt Ihr Hund garantiert, jeden stürmisch zu begrüßen

So lernt Ihr Hund garantiert, jeden stürmisch zu begrüßen

In meinen Vorträgen frage ich das Publikum stets: „Wer hat einen Hund, der bellt, wenn es klingelt?" Ungefähr 90 Prozent der Zuschauer heben dann amüsiert ihre Hand. Bei der nächsten Frage: „Wie haben Sie es ihm beigebracht?", folgt schließlich schallendes Gelächter. Oft heißt es: „Der konnte das schon." Tatsache ist aber, dass wir Menschen den Hunden das Kläffen an der Tür unbewusst anerziehen.

Folgendes erlebt ein Hund – egal, ob als Welpe oder ausgewachsener Hund –, der erst ein paar Tage bei uns ist: Die Menschen sitzen am Abend vollkommen apathisch vor diesem komischen viereckigen Ding, genannt Fernseher. Zunächst beobachtet der Hund dieses Phänomen, ohne es groß zu bewerten. Das Faszinierende passiert aus Hundesicht erst dann, wenn es plötzlich klingelt: Der gerade noch ausgestopft wirkende Mensch springt sofort auf und rast wie von der Tarantel gestochen zur Tür.

Während der Mahlzeiten erlebt der Hund besonders intensiv, WIE wichtig das Klingeln offensichtlich für den Menschen sein muss, denn selbst das Essen unterbricht er dafür. Da fixiert der Hund gerade das Brötchen, in das sein Mensch beißen will, um es per Telekinese in seinen eigenen Magen zu befördern – und zack – springt der Mensch auf und lässt das Brötchen liegen, nur weil es geklingelt hat. Das ist für den Hund natürlich eine äußerst seltsame Verhaltensweise. Denn ein drei Wochen alter Welpe, der gerade an der Zitze seiner Mutter saugt, würde beim Ertönen der Türglocke nie denken: „Okay, alles bleibt so, wie es ist. Ich gehe nur mal schnell nachschauen, was das Tolles zu bedeuten hat."

So lernt Ihr Hund garantiert …

So lernt der Hund also, dass wir Menschen in Aufruhr geraten, wenn es schellt. Das ist aber nicht die ganze Wahrheit. Denn dann müsste der Hund beim Läuten des Telefons genauso reagieren. Statistisch gesehen bellt von tausend Hunden, die beim Klingeln an der Tür ordentlich Randale schlagen, gerade mal einer, wenn das Telefon läutet. Übrigens sind das meistens Hunde, die mit ins Büro gehen und dort gelernt haben, dass Frauchen oder Herrchen beim Telefonieren alles tut, damit der Hund ruhig ist. Wohlwissend, dass das lerntechnisch der „Supergau" ist, bekommt der Hund dann eine Leckerei oder wird gestreichelt. Der Vollständigkeit halber sei erwähnt, dass er so natürlich lernt, erst einmal ordentlich mit dem Bellen ANZUFANGEN, damit er eine Belohnung bekommt.

Allerdings hat es natürlich auch mit dem jeweiligen Besucher an der Haustür zu tun. Sie werden bestimmt das Gleiche erlebt haben wie ich: Von dem Tag an, an dem sich ein Hund im Haus befindet, empfängt man keinen eigenen Besuch mehr. Alle wenden sich unmittelbar und intensiv dem Vierbeiner zu und nicht uns. Einem kurzen „Hallo Martin" folgt: „Och, ist der süß!", „Ja, komm doch mal her, du Feiner!", „Schau, ich hab dir ein Leckerchen mitgebracht!" Früher brachten mir die Gäste eine Flasche Rotwein mit – heute sind es Ochsenziemer für Mina …

Und so lernen die Hunde, dass beim Ertönen der Türglocke der Mensch alles stehen und liegen lässt, um zur Tür zu rasen, den Pförtner zu spielen und den Besuch für den Hund herein-zubitten. Das führt natürlich dazu, dass Hunde beim Klingeln in eine hohe Erwartungshaltung versetzt werden und sich deshalb sehr aufgeregt verhalten.

Hier gibt es drei Phasen:

 1. Anfangs interessiert sich der Hund kaum für das Geräusch.

 2. Dann „latscht" er uns zur Tür nach, wohlwissend, dass es in erster Linie um ihn geht.

 3. Zu guter Letzt ist der Hund, wenn es an der Tür klingelt, schon so aufgeregt, dass er vor uns zur Tür flitzt und uns unterwegs anschnauzt, weil wir nicht schnell genug sind.

Wenn Sie jetzt einmal nachdenken, werden Sie feststellen, dass das erste Bellen Ihres Hundes beim Ertönen der Klingel keinesfalls ein territorial aggressives – gegen den „Eindringling" an der Tür gerichtetes – Bellen war. Es war vielmehr ein Bellen in Ihre Richtung. Getreu dem Motto: „Nu los, gib Gas. Wie lange soll ich noch warten, bis du aufmachst?"

Nun kommt ein weiteres Schlüsselerlebnis für den Hund hinzu. In dem Moment, in welchem er bellt, bekommt er ein „Bello, NEIN!" zu hören. Die wenigsten Hunde empfinden dies aber als ernsthafte Aufforderung, das Bellen zu unterlassen. Die meisten Menschen sind ja schon dankbar, wenn der Hund das

Wort „NEIN" als „Okay, ich höre jetzt auf, aber in zwei Sekunden fange ich wieder an" interpretiert.

Eine Untersuchung hat ergeben, dass Ersthundehalter, die sich einen Welpen anschaffen, circa 400-mal täglich den Namen ihres Hundes aussprechen. In gut 300 Fällen folgt nach „Bello" das Wort „Nein!", „Pfui!" oder „Aus!". Mit anderen Worten: Dem Hund wird beigebracht, dass er Vor- und Nachnamen hat. Er heißt quasi „Bello Nein". Demnach gibt es in Deutschland nur drei Hundefamilien: Entweder heißen sie „Nein", „Pfui" oder „Aus" mit Nachnamen …

Wenn der Hund das erste Mal beim Läuten „Bello Nein" hört, denkt er nur: „Ja, stimmt, das bin ich! Schön, dass wir darüber geredet haben – aber wie lange soll ich jetzt noch warten, bis du die Tür öffnest?" Und eben WEIL das gesamte Prozedere immer gleich abläuft, wird der Hund mit jedem Mal aufgeregter und das Bellen an der Tür zu einem Ritual.

„Was soll daran auch falsch sein? Man darf doch seinen Futterlieferanten gebührend empfangen! Okay, der eine oder andere übertreibt es und kläfft 20 Minuten lang durch, obwohl der Besucher schon drin ist. Aber das passiert ja wirklich nur in Ausnahmefällen …"

Besonders eindrucksvoll bekomme ich das Phänomen „Hund bellt, wenn es klingelt" immer wieder demonstriert, wenn ich zu Hausbesuchen fahre. Meistens habe ich auch das große „Glück", dass es dann regnet.

An dem Tag, von dem ich jetzt berichte, regnete es also in Strömen und ich wollte so schnell wie möglich vom Auto ins Haus. Ich flitzte zur Haustür und klingelte und … da geschah es schon wieder …
Unmittelbar nach dem Klingelton höre ich einen Hund bellen. „Normal", behaupten Sie jetzt. „Stimmt", antworte ich. Aber was im Anschluss daran passiert, ist schon sehr speziell. Wie gesagt, ich will aus dem Platzregen ins Trockene und höre einen Hund bellen. Da vernehme ich die flüsternde Stimme einer Frau: „Pssst!", „Auuusss!", „Bist du wohl still!" Diese Befehle halten die meisten Leser wahrscheinlich für angemessen. Ich teile diese Einschätzung, aber das jemand sie flüstert, ist schon was ganz Besonderes.

Grundsätzlich begrüße ich es, wenn Hundehalter in einem sehr dezenten Ton mit ihrem Hund kommunizieren. Die Tatsache aber, dass man sich einen DOGS-Coach ins Haus holt und dann das erste „Problem" – das klar zu vernehmen ist – zu vertuschen versucht, hat schon etwas sehr Komisches. Schließlich geht auch keiner mit Knieschmerzen zum Orthopäden, um dann mit 50 Kniebeugen zu demonstrieren, dass alles nur halb so wild ist.

Nun gut, nach etwa 20 Sekunden verstummt das Tier und ich denke: „Na prima, bin ja nur ein bisschen nass geworden, jetzt macht Frauchen auf." Pustekuchen! Jetzt vernehme ich hinter verschlossener Tür: „Sitz!" „Aha", denke ich, „nun gibt es nach der Verschleierungstaktik noch eine kleine Demonstration des tierischen Könnens." Eine pure Freude, wenn man seit einer halben Minute im strömenden Regen steht. Auf „Sitz!" folgen noch drei weitere Signale – nämlich „Siiitz!", „Machst du wohl Sitz!" und „**SITZ!**" (Letzteres schallt mit 95 Dezibel durch die gesamte Nachbarschaft).

Die Dame des Hauses hat mir nun bereits seit einer Minute bewiesen, dass ihr Hund ganze vier verschiedene Signale beherrscht für „sich Hinsetzen, wenn ein Mensch es sich verzweifelt wünscht". Für einen kurzen Moment kehrt Stille ein, und ich hoffe ins Haus zu gelangen, bevor meine Jacke wetterbedingt drei Kilo mehr wiegt. Doch weit gefehlt. Jetzt vernehme ich eine Art Hypnosesprache – singend ist „Bleiiib!", „Bleiiib!", „Bleeeiiib!" zu vernehmen. Ein spannendes Phänomen, welches ich an mir selbst auch schon entdeckt habe. Wir Menschen scheinen ernsthaft zu glauben, dass man einen Hund in Hypnose versetzen kann und er da bleibt, wo er ist, wenn wir nicht nur „Bleib!" zu ihm sagen, sondern es auch wirklich wünschen.

„Viel spannender finde ich, dass Martin seit Jahren glaubt, ich würde ‚bleiben', weil er seine flache Hand in meine Richtung streckt. Weit gefehlt: Meiner großen Güte hat er es zu verdanken! Und der Tatsache, dass ich in meinem Alter ab und an ein Päuschen gut vertragen kann. Also, liebe Hunde: Lasst eure Menschen ruhig in dem Glauben – das trägt zur allgemeinen Entspannung bei."

Inzwischen sind eineinhalb Minuten vergangen, und Schritte nähern sich der Haustür. Meine Hoffnung wird genährt, dass ich nun endlich ins Trockene darf. Ich höre, wie eine Menschenhand die Türklinke ergreift. Doch noch bevor sich die Tür öffnet, ruft Frauchen laut: „NEIN, gehst du wohl zurück. NEIN!!! ZUUURÜCK!!!" Sie ahnen es, der Hund ist natürlich nicht dort geblieben, wo Frauchen ihn gerne gehabt hätte. Spätestens in diesem Moment ist mir klar, dass ich noch etwas länger im Regen warten muss.

In den weiteren zwei Minuten wiederholt sich das ganze Szenario: Angefangen bei „Sitz!", „Siiitz!", „Machst du wohl Sitz!" bis zu „Bleiiib!", „Bleiiib!", „Bleeeiiib!". Ich resigniere komplett, nehme mir aber vor, beim nächsten Hausbesuch wetterfeste Kleidung anzuziehen, obwohl man sie für die kurze Strecke zum Haus eigentlich nicht benötigt.

Nach geschlagenen dreieinhalb Minuten macht mir die Dame des Hauses endlich die Tür auf – allerdings nur einen kleinen Spalt. Das Fluchtrisiko des Hundes scheint noch zu hoch zu sein. Mit seitlich angelegten Armen schlängele ich mich ins Trockene. Interessanterweise schaut mir dabei nur der Hund zu. Das Frauchen steht seitlich in vorgebeugter Haltung etwa 50 Zentimeter vor dem Hund – die Handinnenflächen des ausgestreckten Arms in Richtung Hundekopf. Gleichzeitig sagt sie immer wieder: „Bleiiib, bleiiib, bleeeiiib!!!" Mit der anderen Hand winkt das Frauchen in meine Richtung und meint: „Kommen Sie rein. Der tut nix!"

Mich hat sie tatsächlich noch nicht eines Blickes gewürdigt, denn ihr 40 Kilo schwerer Hund sitzt zwar, zittert aber vor Erregung und ist so aufgeregt wie ein Rennpferd in der Startbox. In ihrem „Kommen Sie rein" schwingt ein vorwurfsvoller Unterton. Es klingt, als wolle sie eigentlich sagen: „Jetzt kommen Sie doch endlich rein! Wie lange soll ich denn noch warten?" Als sie hört, dass die Tür ins Schloss gefallen und der „hündische Hochsicherheitstrakt" wieder verriegelt ist, entspannt sie sich und richtet sich auf. Sie wendet sich mit einem erleichterten Lächeln kurz zu mir und setzt dem Ganzen die Krone auf, indem sie mit lauter und animierender Stimme zu ihrem Hund sagt: „Ja guck mal, wer da gekommen ist!" Und den 40 Kilo schweren, hocherregten Hund zu mir schickt. Tatsächlich, er „guckt" mal ... In aller Regel geschieht das „Gucken" mit einem gezielten Sprung in meine Magengegend – manchmal leider auch ein paar Zentimeter tiefer – oder mit beiden Vorderpfoten auf meine Schulter.

„Mal unter uns. Wer will Bello das vorwerfen? Wenn Frauchen ihn doch jedes Mal, nachdem er ‚Sitz' gemacht hat, mit Schwung in Richtung Besucher losschickt. Der kann doch gar nicht entspannt sein! Ist nur logisch, dass er das Bleiben vorher als lästig empfindet, wenn er doch gleich danach losrasen soll. Klar, dass er denkt: ‚Hey Frauchen, was soll der Klimbim, das Anspringen ist doch das Highlight. Und das können wir auch direkt ausprobieren.'"

Nachdem sich der Hund ein paar Minuten später von alleine beruhigt hat – Frauchen und ich sitzen im Wohnzimmer und sprechen über künftige Trainingsschritte –, rast der Hund plötzlich wieder zur Tür. Es hat zwar nicht geklingelt, aber er scheint den Schlüssel von Herrchen gehört zu haben. Der Hund jault vor Freude und sucht hektisch nach einem Spielzeug, das er Herrchen präsentieren kann. Als sich die Tür öffnet, werde ich Zeuge eines ganz besonderen Begrüßungsrituals: Der ganze Po wackelt hin und her, die Ohren sind angelegt, der Kopf ist leicht seitlich gedreht, und das Spielzeug wird dargeboten. Laute, hohe jodelartige Töne erklingen. Diesen Prozess erlebe ich übrigens bei jedem meiner Hausbesuche!

Nun betritt der Herr des Hauses den Flur, und ich höre einen erwachsenen Menschen mit hocherfreuter Stimme immer wieder Sätze wie „Ja, wo isser denn?", „Ja, hast du mir was mitgebracht?", „Ja, ich freu mich auch!", „Ja, komm, hopp!" etc. sagen. Der Hund wirft sich auf den Rücken, der Mensch wirft sich auf den Rücken. Beide robben durch den Gang, schmusen und spielen voller Freude und Glückseligkeit. Nach gut fünf Minuten taucht der Mann im Wohnzimmer auf, sieht seine Frau kurz an und begrüßt sie mit einem knappen „Hallo".

Jetzt denken die männlichen Leser wahrscheinlich: „Hey, was hat denn der Typ? Meine Frau freut sich nicht annähernd so auf mich wie der Hund!" Und ich weiß natürlich, dass Frauen ihren Hund genauso intensiv und ihren Gatten ähnlich zurückhaltend begrüßen wie die Männer. Betonen möchte ich nur, dass das aus Hundesicht ein sehr deutliches Signal ist. Dem Hund sagen wir Menschen mit einer solchen Verhaltensweise nichts anderes als: „Ja, du bist hier der Wichtigste überhaupt, und ich mache dir nur die Dosen auf!"

„Aber das ist doch auch so, dass wir Hunde der Nabel der Welt sind!!! Und ich gehe davon aus, dass dies auch nach der Lektüre des Buches so bleibt …"

Geheimsprache

 HF sagt

Bello Pfui! Bello Nein! Bello Aus!

Nachnamen der drei größten Hundefamilien in Deutschland. Gleichzusetzen mit Müller, Meier, Schmitz …

Der freut sich über jeden Besucher!

Und genau deshalb springt er ihnen zunächst mit voller Wucht in den Magen und danach mit dem Kopf gegen die Unterlippe.

Sitz! Machst du fein Sitz! Neeeiiin, Siiitz, Siiitz, Siiitz!!! *(das letzte „Sitz!" wird in einer Lautstärke von mindestens 95 Dezibel gerufen)*

Vermittlungsversuch einer rudimentären Erziehung, die zum Scheitern verurteilt ist.

Auf dem Hundeplatz hört er wirklich prima!

Verzweifelter Versuch, andere Menschen davon zu überzeugen, dass beim eigenen Hund echt nicht ALLE Hoffnung aufgegeben werden sollte.

Der spielt sich an der Leine nur auf!

Versuch, das aggressive Verhalten zu verharmlosen und die eigene Ratlosigkeit, wie man es verhindern kann, zu vertuschen.

Aber sonst ist der lieb!

Man muss ja nicht aus einer Mücke einen Elefanten machen. Wer ist schon perfekt?

Aber sonst ist er der perfekte Hund! *(Steigerungsform von „Aber sonst ist der lieb!")*

Drückt das eigene Genervtsein über eine Marotte des Hundes aus, die er trotz aller Bemühungsversuche nicht abstellt.

So lernt Ihr Hund garantiert …

Gute Vorsätze eines Hundes

„Jetzt sind mir noch ein paar Tipps eingefallen, die du unbedingt lesen solltest – damit du auch weiterhin in Harmonie mit deinen Menschen zusammenleben kannst ..."

Auch wenn du super springen kannst, springe nie aus dem offenen Fenster des geparkten Autos! Dein Mensch hat das Fenster nämlich aufgelassen, damit du frische Luft bekommst – und nicht, damit du ins nächste Restaurant flitzt.

Die Computermäuse sind zum Arbeiten am Computer gedacht! Erstens benutzen deine Menschen diese Dinger ziemlich oft, und zweitens liegen die echt schwer im Magen.

Hör spätestens dann mit der Teppich-Zerstücklung auf, wenn du kurz vor dem Erbrechen bist.

Akzeptiere, dass du nach der Wälzerei in totem Fisch und Schafsködeln vielleicht für die Nachbarshündin sexy bist, aber keinesfalls für die Schwiegermutter des Herrchens.

Kot anderer Tiere zu fressen, finden Menschen nicht normal. Tu es doch bitte dezent und heimlich – und sei so klug, deine Menschen nicht im Anschluss daran zu knutschen.

Von der Katzenstreu solltest du nicht täglich 200 Gramm verspeisen. Auch dann nicht, wenn sie mit Katzenkot verfeinert ist.

Angenommen, du kaust an der Zahnbürste von Herrchens neuer zweibeiniger, weiblicher Errungenschaft, dann zerstöre diese bitte ganz. Es ist doch nicht fair, dass sie erst beim Zähneputzen bemerkt, wer sie vorher benutzt hat.

Wenn du schon die Buntstifte verspeisen musst, dann bitte nicht mehr die roten. Deine Menschen denken sonst, du hättest Hämorrhoiden.

Es ist ja schon sehr tolerant, dass du deine vollgesabberten Tennisbälle mit in die Wohnung bringen darfst. Deponiere sie also nicht mehr in den Unterhosen der Besucher, die gerade die Toilette benutzen.

Auch Festbeißen und „Totschütteln" mit der Unterhose des Herrchens, wenn er auf der Toilette sitzt, sollte kein tägliches Spiel mehr sein.

Beiße einen Mitarbeiter des Ordnungsamts nicht in die Hand, während er deinen Menschen nach der Steuermarke und dem Wesenstest fragt.

Falls du über 30 Kilo wiegst und gerne unter dem Couchtisch liegst: Du musst nicht bei jedem Klingeln plötzlich aufspringen.

115

So lernt Ihr Hund garantiert …

Vertraue deinen Menschen, wenn sie dir erklären, dass die Müllabfuhr die Tonnen mitnimmt, um sie zu entleeren – und nicht, um sie euch zu stehlen.

Nach dem Spaziergang im Regen solltest du dich schütteln, bevor du die Wohnung betrittst.

Wenn du im Schlafzimmer von Frauchen und Herrchen laute Geräusche hörst, aber nicht sehen kannst, woher sie kommen – weil beide unter der Bettdecke verschwunden sind –, musst du weder deine kalte, nasse Nase unter die Decke schieben noch oben draufhüpfen und daran ziehen.

Denke immer daran, das Sofa ist keine Serviette … und der Schoß deines Menschen auch nicht!

So lernt Ihr Hund garantiert, Sie um den Finger zu wickeln

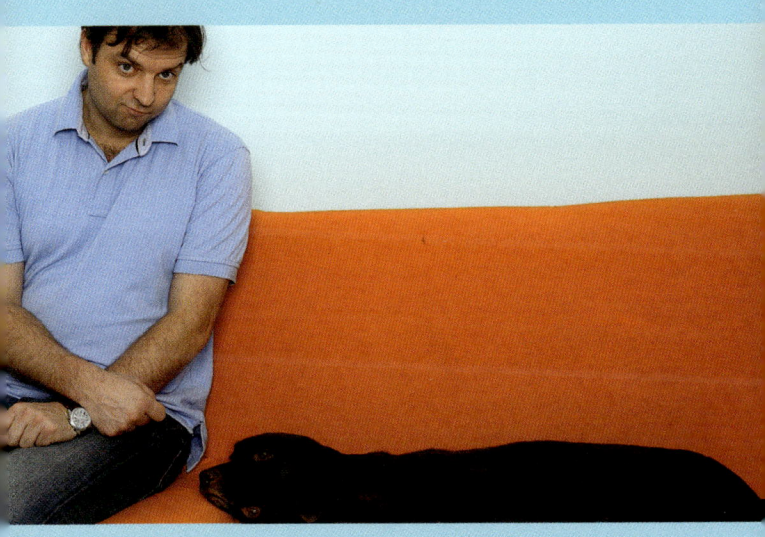

So lernt Ihr Hund garantiert …

So lernt Ihr Hund garantiert, Sie um den Finger zu wickeln

Hunde sind viel aufmerksamer, als viele Menschen meinen. Sie beobachten und studieren uns ganz genau und kennen uns nach ein paar Jahren in- und auswendig.

 „Nach ein paar Jahren? Lächerlich. Sooo komplex sind deine Verhaltensabläufe nicht. Bereits nach zwölf Wochen war das meiste für mich klar …"

Ich habe Mina häufig mit im Büro dabei. Nach dem morgendlichen Spaziergang liegt sie völlig entspannt und zufrieden in ihrem Korb und döst vor sich hin. Eine meiner Schubladen öffne ich während meines zehnstündigen Bürotages sicher öfter als 50-mal. In dieser Schublade befinden sich alle Büroutensilien, mein Handy und natürlich Leckerlis für Mina. Egal, wann und wie ich zur Schublade greife, um beispielsweise mein Handy oder den Tacker herauszuholen – Mina reagiert nicht. Sie döst einfach weiter.

Denke ich aber auch nur eine Sekunde: „Ach, wie süß und brav Mina doch daliegt. Ich werfe ihr mal ein Leckerli zu." Und ich betone, ich DENKE daran und habe noch nicht einmal zur Schublade gegriffen, geschweige denn, dass ich ein Leckerchen in der Hand halte! ZACK, schon spitzt sie ihre Ohren, schaut mich an und vermittelt mir mit einem frechen Blick: „JA!!! Und am besten SOFORT."

... Sie um den Finger zu wickeln

„Das hältst du für erwähnenswert? Da schaust du den ganzen Tag konzentriert, aber sobald du an mich denkst und mich anschaust, strahlst du wie ein Honigkuchenpferd. In diesem Punkt bist du nicht anders als die anderen Hundemenschen auch! Und sei dir sicher – diesen verzückten Blick kennt jeder von uns Hunden nur allzu gut."

Sie kennen dieses „Phänomen" bestimmt auch: Manchmal haben Sie das Gefühl, Ihr Hund erahne, was Sie als Nächstes tun, obwohl es keine Regelmäßigkeiten gibt. Zu einer Zeit, zu der Sie sonst nie spazieren gehen, denken Sie: „Och, ich glaube, ich drehe noch ein Ründchen" – und schwupp – flitzt Bello schon zur Tür. Sicher haben Sie einen kurzen suchenden Blick nach der Leine, der Goretex-Jacke oder dem Hund durch den Raum schweifen lassen, und diesen hat Bello natürlich registriert.

Unsere Hunde wissen ganz genau, wer wofür wann zuständig ist. Ich habe unzählige Male mitbekommen, wie ein Hund nur und ausschließlich dann penetrant am Tisch gebettelt hat, wenn die Schwiegermutter zugegen war. Er wusste, keiner würde sich trauen, der Schwiegermutter zu verbieten, ihn zu füttern. Das extremste Beispiel dafür, dass Hunde uns ziemlich gut beobachten und dadurch auch sehr gut kennen, erlebe ich oft bei den ersten Trainingseinheiten mit Kunden.

So lernt Ihr Hund garantiert …

Unter Hunden spielt es eine große Rolle, wer agiert und wer reagiert. Diejenigen, die sich nicht ständig um andere kümmern und auf deren Buhlen hin eine Reaktion zeigen, entwickeln sich meistens zu ranghöheren Tieren. Dies ist natürlich nicht das einzige Kriterium. Wer sich in der Rangordnung oben etablieren will, muss sich souverän und intelligent verhalten.

Uns Menschen ist gar nicht bewusst, WIE oft und WIE intensiv wir auf die Aktivitäten unseres Hundes reagieren und dadurch den passiven Part übernehmen. Deshalb bitte ich meine Kunden manchmal, eine Art Selbsterfahrung zu machen und den Hund für 48 Stunden in den eigenen vier Wänden zu ignorieren: kein Streicheln, kein Ansprechen und kein direktes Anschauen. Lediglich zum Gassigehen gibt es eine kurze Interaktion – der Hund wird wortlos angeleint. Draußen darf der Hund dann ruhig „dauerbesprochen" und „dauerbespielt" werden. Hierbei geht es nicht um ein Training, sondern darum, den Menschen klarzumachen, wie oft sie auf den Hund einplappern, ihn streicheln etc., nachdem der Hund dies gefordert hat.

Und nicht nur für mich, sondern für nahezu alle Hundemenschen, die ich kennengelernt habe, sind diese 48 Stunden die Hölle. Nach spätestens einer Stunde klingelt mein Handy – meistens habe ich dann den Vater am Telefon. Wie in einer Selbsthilfegruppe beichtet er mit leiser Stimme: „Martin, ich habe gestreichelt …" Ich stehe natürlich mit aller gebotenen Ernsthaftigkeit zur Seite: „Na ja, ist nicht so schlimm. Fangen die 48 Stunden halt von vorne an. Nur Mut, das wird schon."

Eine weitere Stunde vergeht und Frauchen ist am Apparat: „Martin, ich habe angesprochen und gestreichelt." Zwei weitere Stunden gehen ins Land und Herrchen ist wieder dran mit einem Hilferuf: „Was soll ich nur machen? Er stupst mich dauernd an!" Ich motiviere alle weiterzumachen mit dem Versprechen, dass sie das Experiment danach NIE mehr wiederholen müssen. Es gehe lediglich darum zu zeigen, wie intensiv ihr Hund sie beeinflusst und, und, und …

Die Familienmitglieder verbünden und versprechen sich nun, gemeinsam durchzuhalten. Tatsächlich schaffen sie es gute 36 Stunden. Der Hund hat in dieser Zeit das komplette Programm an „Nervereien" und „Kümmer-dich-um-mich-Spielchen" durchgezogen: Er hat die Topfpflanzen angepinkelt, die Kinder laut angebellt, Frauchen auf Schritt und Tritt verfolgt, Herrchens Unterwäsche im Garten verbuddelt etc. So langsam registriert der Hund, dass die Menschen scheinbar alle Regeln und Verhaltensweisen der letzten Jahre auf den Kopf stellen wollen. Ihm wird klar, dass es jetzt an der Zeit für Plan B ist …

Am Abend, als sich die ganze Familie zur kollektiven Apathie vor den Fernseher „gesellt" hat, stellt er sich mitten ins Wohnzimmer. Aber nicht nur das! Nein, er nimmt dabei eine Körperhaltung ein, die vermuten lässt, dass er – trotz seines jugendlichen Alters von zwei Jahren – über Nacht eine schreckliche Arthrose bekommen hat. Mit nach unten zeigender Rute, rundem Rücken und hängenden Ohren steht er nun vor dem

Fernseher. Sofort beginnen die Kinder zu fragen: „Papa, ist Bello krank? Schau mal, wie er steht." Vater antwortet gleich energisch: „Pst! Du sollst doch nicht mit ihm reden!" Nun klinkt sich die Mutter ins Gespräch ein: „Aber sie reden ja nicht MIT, sondern ÜBER ihn. Und außerdem finde ich auch, dass er sehr bedrückt aussieht."

Jetzt läuft der Hund natürlich zur Hochform auf. Er hat ganz genau gemerkt, dass über ihn geredet wird und er anscheinend auf dem richtigen Weg ist. Also dreht er sich um und schleppt sich, scheinbar mit letzter Kraft, in Richtung Körbchen. Dabei schleifen die Krallen demonstrativ über den Boden. Die ganze Familie ist entsetzt über dieses Bild des Schreckens: ein ganz und gar geschundener, depressiv wirkender Hund. So schleppt sich der Hund den 2,38 Meter langen Weg zu seiner Ruhestätte. Dort angekommen, klettert er mit größter Mühe hinein, dreht sich zwei- bis dreimal im Kreis und hält für einen kurzen Moment inne. Dabei schaut er einen aus der Familie intensiv an.

„Kurzer Tipp an ALLE Hunde: Nehmt Herrchen ins Visier. Der wird viel schneller weich …"

Mit einem lang gezogenen Seufzer „uuuffhhhh" lässt er sich endlich nieder. Spätestens jetzt springt der Vater auf und schreit: „Der Rütter ist doch krank!!! Schau dir mal den Hund an. So hab ich den noch nie gesehen. Ich rufe jetzt da im Büro an und sage alle weiteren Stunden ab!" Und genau in dem

So lernt Ihr Hund garantiert …

Moment, in welchem der Vater seinen Hund streichelt, kommt es zu einer Wunderheilung. Die Arthrose ist verflogen – Bello sitzt wieder mit geradem Rücken, wedelnder Rute und gespitzten Ohren da.

Und nun frage ich Sie: Wer hat zum Schluss agiert und wer reagiert? Ist es nicht faszinierend, dass es keinen Hund auf der Welt gibt, der sich laut und lange seufzend vor einen anderen Hund wirft in der Hoffnung, dieser spiele nun mit ihm? Natürlich nicht! Es existiert auch kein Hund auf dieser Welt, der sich für das Seufzen seines Artgenossen interessiert. Aber es leben Tausende Hunde in diesem Land, die genau wissen, dass die Menschen spätestens dann „dahinschmelzen", sobald sie diesen Seufzer vernehmen!

„Tja, wir wissen halt, wie ihr tickt und wie wir eure Sprache nutzen können. Was denkst du denn, warum es diesen Sprachführer gibt …?"

Geheimsprache

 HF sagt

Ich weiß, das soll er ja nicht!
(Antwort auf die Frage eines Hundetrainers: „Wo schläft Ihr Hund eigentlich?")

 HF meint

Ja, er schläft auf der Couch und auch im Bett, und ich LIEBE ES!!!

... *Sie um den Finger zu wickeln*

Wenn du das noch einmal machst, dann kommst du ins Tierheim!

Egal, was hier passiert, mein Hund – ich werde mich NIE mehr von dir trennen!

Darf ich den Hund streicheln?
(HF ohne Hund)

Ist das gefährlich für mich?

Darf ich den Hund streicheln?
(HF mit Hund)

Sorry, ich konnte nicht anders! Ich musste einfach streicheln. Sie verstehen das bestimmt, ich habe seit mindestens sechs Minuten meinen Hund nicht mehr gesehen!

Mein Hund mag keine Fremden!
(danach folgt eine detaillierte Beschreibung der Misshandlungen, die er erlitten hat)

Ich hoffe, Sie haben Verständnis dafür. Durchs Streicheln bedrängen Sie ihn, und das stresst ihn sehr.

Mein Hund mag keine Fremden!
(ohne weiteren Kommentar)

Ich Sie erst recht nicht!!!

Nachwort

Liebe Leser,

ich kann Sie trösten! Sie gehören keiner zu vernachlässigenden Randgruppe an. Nein, ganz im Gegenteil – es gibt noch etliche „Hundeverrückte" in diesem Land: Geschätzte zehn Millionen Menschen leben mit etwa sieben Millionen Hunden zusammen. Und allesamt sind wir süchtig! Wenn man einmal im Leben einen Hund hatte, dann lässt einen dieses Thema NIE wieder los. Stirbt Ihr Hund eines Tages, werden Sie nicht denken: „Hui, Zierfische könnten auch eine aufregende Alternative sein." Nein, viel zu sehr sind Sie bereits nach dem ersten Hund von der Mensch-Hund-Beziehung begeistert.

Heute Nachmittag sind Sie vielleicht noch laut fluchend und wutschnaubend Ihrem Hund durch den Garten hinterhergerannt. In der einen Hand Ihren zerkauten Lieblingsschuh, in der anderen die Überreste eines Hundeerziehungs-Ratgebers. Aber wenn ich Sie jetzt, genau jetzt darum bitte, mal Ihren Hund anzuschauen und zu beobachten, wie glückselig er in seinem Körbchen – meinetwegen auch neben Ihnen auf der Couch – liegt, dann können Sie nicht anders, als sich darüber zu freuen, dass es ihn gibt. Es ist nicht rational, einen Hund zu halten! Vor allem nicht für „Hundelose" …

Wenn ich in mein Auto gestiegen bin, in dem mein Hund Mina für gewöhnlich transportiert wurde, genoss ich den Duft nach ihr. Ein Journalist hat mich mal einen ganzen Tag zu Dreharbeiten begleitet. Er ist nach mir eingestiegen, und noch bevor ich